Die „Sammlung Vieweg“ hat sich die Aufgabe gestellt, Wissens- und Forschungsgebiete, Theorien, Verfahren usw., die im Stadium der Entwicklung stehen, durch zusammenfassende Behandlung unter Beifügung der wichtigsten Literaturangaben weiteren Kreisen bekanntzumachen und ihren augenblicklichen Entwicklungsstand zu beleuchten. Sie will dadurch die Orientierung erleichtern und die Richtung zu zeigen suchen, welche die weitere Forschung einzuschlagen hat.

Prospekte über die lieferbaren und in Vorbereitung befindlichen Hefte stehen zur Verfügung.

BERICHTIGUNGEN

S. 8, Tabelle I. Statt Umsatzrate (*n*) lies: Umsatzrate (*r*).

S. 12, Zeile 4 v. o. Statt chemischen Wärmegleichgewicht lies: chemischen und im Wärmegleichgewicht.

S. 20, In Abb. 1 Kurve A. Statt $C_{11} = 40$ lies: $C_{11} = -40$

S. 21, Zeile 13 v. u. Statt *Grane* lies: *Crane*.

S. 45, Zeile 3 v. o. Statt Gl. (**48**) lies: Gl. (**51**).

S. 50, Literaturverzeichnis, 14. Zeile v. o. Statt *J. gen. comp. Physiol.* lies: *J. cell. comp. Physiol.*

S. 51, Zeile 18 u. 21 v. o. Statt *Hobbinger* lies: *Hobbiger*.

S. 52, Zeile 17 v. o. Statt S. 697 lies: S. 967.

*Zu Bertalanffy, Biophysik des Fließgleichgewichts*

# Biophysik des Fließgleichgewichts

## Einführung in die Physik offener Systeme und ihre Anwendung in der Biologie

Von

Dr. Ludwig von Bertalanffy
Professor an der University of Ottawa (Canada)

Springer Fachmedien Wiesbaden GmbH

Herausgeber dieses Heftes:
Dr. HERMANN EBERT
Die Übersetzung aus dem Englischen besorgte:
Dr. WILHELM H. WESTPHAL
Honorarprofessor an der Technischen Universität Berlin
Mit 4 Abbildungen


Ursprünglich erschienen bei Friedr. Vieweg & Sohn, Verlag, Brausnchweig 1953
Softcover reprint of the hardcover 1st edition 1953

ISBN 978-3-663-19860-4 ISBN 978-3-663-20198-4 (eBook)
DOI 10.1007/978-3-663-20198-4


Satz, Druck, Bindearbeit: Richard Borek KG., Braunschweig

## Vorwort des Übersetzers

Eine Übersetzung dieses Buches des österreichischen, seit einigen Jahren an der Universität Ottawa, Canada, wirkenden Biologen *Ludwig von Bertalanffy* ins Deutsche war nötig, weil das zuerst für eine andere Verwendung gedachte Manuskript in englischer Sprache verfaßt ist. Da es dem Verfasser selbst an Zeit für eine Übersetzung in seine Muttersprache fehlte, so habe ich das übernommen. Doch hat der Verfasser bei der Durchsicht des Manuskripts noch eine Reihe von Ergänzungen hinzugefügt, die insbesondere für diejenigen wertvoll sind, welche in diesen Stoff überhaupt erst eingeführt werden müssen.

Eine Rechtfertigung dafür, daß ich als Physiker dieses Buch eines Biologen übersetzte, liegt darin, daß es sich hier um durchaus physikalische und physikalisch-chemische Fragen handelt, wenn auch die gewonnenen Erkenntnisse auf biologische Probleme angewendet werden. Der Verfasser hat vor mehr als 20 Jahren als einer der ersten die Wichtigkeit einer Theorie der offenen, also nicht geschlossenen Systeme — wie sie ja die lebenden Organismen darstellen — erkannt und deren Theorie entwickelt. Es sind das Systeme, durch welche hindurch ein ständiger Fluß von Energie *und Stoff* stattfindet, wobei diese in deren Innerem Umwandlungen erfahren. Die Theorie führt in vielen Fällen bis zu einer exakten mathematischen Darstellung von Lebensvorgängen, z. B. des Wachstums. Es erweist sich, daß im Bereich der Biologie die Methoden der theoretischen Physik viel weiter reichen, als man bis dahin wußte, und daß z. B. Vorstellungen von der Art des Vitalismus und die Annahme einer außerphysikalischen, dem lebenden Organismus eigentümlichen Lebenskraft (Entelechie) durchaus entbehrt werden können. Das alte Problem der „Gültigkeit des 2. Hauptsatzes in der Biologie" findet seine Aufklärung.

In Deutschland scheinen diese im Auslande bereits sehr beachteten Entwicklungen erst wenig bekannt zu sein. Diese Übersetzung soll deshalb nicht nur den deutschen *Biologen* und *Physiologen*, sondern auch den *Physikern*, *Physikochemikern* und *Chemikern*, die Anregung geben, sich eingehender mit diesen sehr reizvollen und wichtigen Fragen zu beschäftigen. Die Theorie ist zwar auf Grund biologischer Fragestellungen entstanden, kann aber auch auf anderen Gebieten mannigfache Anwendungen finden. Aber darüber hinaus dürften gerade die biologischen Anwendungen *jeden* Naturwissenschafter interessieren, da sie einen unmittelbaren Bezug auf ihn selbst als einen lebenden Organismus haben.

*Berlin-Zehlendorf*, im August 1953

*Wilhelm H. Westphal*

# Inhaltsverzeichnis

## 1. Einleitung

Diese Schrift beabsichtigt, in ein Gebiet einzuführen, welches einen Schnittpunkt moderner Entwicklungen in der Physik, der physikalischen Chemie und der Biologie darstellt und als „Theorie offener Systeme und des Fließgleichgewichts“ bezeichnet werden kann. In der Einführung soll kurz zusammengefaßt werden, warum und wie sich die Entwicklung einer solchen Theorie als notwendig erwiesen hat.

Das Problem ist uralt und zugleich höchst modern. Aus den Anfängen der griechischen Philosophie sind uns des *Heraklit von Ephesus* Aussprüche überliefert: *πάντα ῥεῖ* und *μεταβάλλον ἀναπαύεται*. Was in der Natur von Dauer ist, ist nichts Ruhendes, sondern das, was *Heraklit* den *λόγος* nannte und was wir übersetzen mögen als das Naturgesetz, das den ewigen Fluß der Erscheinungen beherrscht. Es wäre ein sehr fesselndes Unternehmen, die Geschichte des heraklitischen Gedankens durch die verschiedenen Epochen der westlichen Philosophie und Naturwissenschaft zu verfolgen. Hier genüge es, zu sagen, daß das, was der alte Philosoph vor etwa 25 Jahrhunderten gedacht hat, eines der Hauptprobleme der heutigen Wissenschaft darstellt.

Aus verschiedenen Gründen ist die Theorie „offener Systeme“, d. h. solcher, die ihren Zustand in ständigem Fluß ihrer Bestandteile unverändert erhalten, in den Brennpunkt wissenschaftlicher Entwicklungen der letzten Jahre getreten.

Historisch genommen war die *Biologie* oder präziser die Biophysik das erste Feld, auf dem die Notwendigkeit einer Erweiterung der Begriffe der konventionellen Physik und physikalischen Chemie zutage trat. Als physikalisches System betrachtet, entspricht ein lebender Organismus nicht den Systemen und Gleichgewichten, wie sie in der konventionellen Kinetik und Thermodynamik behandelt werden. Der Organismus ist kein geschlossenes System, das stets die identischen Bestandteile enthält; die elementare Tatsache des Stoffwechsels erweist ihn vielmehr als ein offenes System, das sich in einem ständigen Wechsel, Import und Export von Materialien, erhält. Der Organismus ähnelt eher einer Flamme als einem Kristall oder Atom. Für die Vorgänge im Organismus benötigen wir daher eine Theorie, welche offene Systeme und die in ihnen auftretenden „Fließgleichgewichte“ in einer ähnlichen Weise erfaßt, wie die Gleichgewichte in geschlossenen Systemen in der konventionellen physikalischen Chemie behandelt werden.

Die erwähnte Charakterisierung der Prozesse im lebenden Organismus ist offenkundig, und seit *Claude Bernard* und *Dubois-Reymond* hat man den Organismus mit dem freilich etwas vagen Ausdruck „dynamisches Gleichgewicht" gekennzeichnet. Man sah auch ein, daß hier eigenartige Probleme vorliegen. So schrieb *Höber* 1926:

„Das Gesetz von *Guldberg* und *Waage* beherrscht die chemische Statik und die chemische Dynamik. In den Organismen haben wir nun chemische Systeme vor uns, die schon vor langer Zeit als bewegliche, als dynamische Gleichgewichte bezeichnet worden sind. Heute schwebt das Problem des dynamischen Gleichgewichts der Organismen nicht mehr völlig in der Luft, sondern es läßt sich als der Schlußstein und die Krönung eines hohen und kühnen Gebäudes betrachten. Die Fundamente für den Bau sind durch die Physiko-Chemiker schon gelegt; das Weiterbauen ist Sache der Physiologen, ebenso wie die Erprobung der alten Werkzeuge und deren Umformung oder Neuschaffung für die speziellen Zwecke, denen mit einer automatischen Anwendung der alten Mittel nicht immer gedient sein wird."

Indessen sind der Zustand des „dynamischen Gleichgewichts" und die ihn beherrschenden Gesetze niemals genau definiert worden. Niemand scheint die notwendige Schlußfolgerung gezogen zu haben, daß nämlich eine Erweiterung der Theorie auf offene Systeme erforderlich ist. Eine derartig verallgemeinerte, kinetische und thermodynamische Theorie enthält geschlossene Systeme als Grenzfall, wenn die Ausdrücke für Materialtransport verschwinden, während umgekehrt die Theorie geschlossener Systeme nicht die Abläufe und schließlich erreichten, zeitunabhängigen Zustände in offenen Systemen anzugeben vermag.

Gewisse Spezialfälle offener Systeme wurden allerdings seit längerer Zeit erörtert. So betonte *Hill* (1931), unter Hinweis besonders auf die Erhaltung des osmotischen und Ionen-Ungleichgewichts im Organismus, daß dieser nicht ein System im Gleichgewicht, sondern ein „steady state" sei. *Rashevskys* (1948) theoretisches Zellmodell, bestehend aus einem Tropfen im Stoffwechsel, in welchen Substanzen von außen einfließen und Reaktionen unterliegen und aus dem die Endprodukte wieder ausfließen, stellt ein offenes System dar. Aus dieser sehr abstrakten Modellvorstellung können Folgerungen abgeleitet werden, die wesentlichen Kennzeichen lebender Zellen entsprechen, wie Wachstum und periodische Teilung, die Unmöglichkeit einer „Urzeugung" solcher Tropfen und eine der durchschnittlichen Zellgröße entsprechende Größenordnung derselben, die Möglichkeit nicht-kugelförmiger Gestalten usf. Die Permeation von Substanzen in die Zellen, die zu einer vom Außenmedium verschiedenen Zusammensetzung des Zellsaftes, zu selektiver Akkumulation von Salzen und zu Wachstum führt, wurde von *Osterhout* und seinen Mitarbeitern (1932, 1933) an großen Pflanzenzellen und physikalischen

Modellen untersucht; das Modell und dessen rechnerische Behandlung (*Longworth*, 1934) entspricht einem Sonderfall offener Systeme. Auf einem anderen Gebiete bedeuten *Hechts* (1931) Theorie der visuellen Empfindungen, sowie die Theorien der Reizvorgänge von *Pütter* (1918 bis 1920), *Hill* (1936) und *Rashevsky* (1948) gleichfalls Sonderfälle der Theorie offener Systeme.

Als einer der ersten hat der Verfasser dieser Schrift (1934, 1940, 1950) das Problem in allgemeiner Form aufgestellt und die Notwendigkeit einer Erweiterung der physikalischen Chemie auf offene Systeme vertreten, und er sowie *Burton* (1939) gaben eine Reihe von Prinzipien der Kinetik solcher Systeme an. Der Verfasser hat gezeigt, daß die Theorie solcher Systeme zu grundsätzlich neuen Prinzipien, zur Ableitung fundamentaler Eigenschaften lebender Systeme und zu quantitativen Gesetzen für biologische Phänomene führt.

Die Ergebnisse der modernen Isotopentechnik, die zeigte, daß sich der Ab- und Aufbau der Baustoffe des Körpers weit rascher, als früher angenommen, vollzieht, haben der Vorstellung vom Organismus als einem System im „steady state" oder „Fließgleichgewicht" besonderen Nachdruck verliehen. Dies gilt ebenso für den Organismus als Ganzes, wie für seine einzelnen Gewebe und Zellen, und wahrscheinlich bis hinunter zu den Chromosomen, die gleichfalls nicht als ruhende Gebilde, sondern als ständig in Regeneration und Stoffwechsel befindliche Systeme aufzufassen sind (*Bertalanffy*, 1944, 1949a). Theoretisch scheint die sich entwickelnde Lehre von den offenen Systemen berufen, in der Biophysik „an die Stelle einer Aneinanderreihung von physikalisch-chemischen und biologischen Prinzipien, wie in dem Buch von *Höber* (1947), eine gut in sich geschlossene biologische Thermodynamik zu setzen" (*van Rysselberghe*, 1948). Der Begriff der offenen Systeme tritt in so verschiedenartigen Gebieten auf wie bei den Chromosomen und der Zelle, dem Gesamtstoffwechsel, der Proteinsynthese, der Sekretion, dem Wasserhaushalt, dem Wachstum, der Regulation, der Sinnesempfindung, der Nervenerregung, den neurologischen Grundlagen der Wahrnehmung (*Krech*, 1950) usf., daß die Erwartung berechtigt scheint, in der Theorie offener Systeme den allgemeinen Prinzipien nahe zu sein, welche die Synthese früher getrennter Gebiete ermöglichen und als deren Spezialfälle und Anwendungen verschiedenartige Einzelphänomene betrachtet werden können.

Es sei kurz erwähnt, daß ähnliche Problemstellungen und Begriffe in einem wichtigen medizinisch-biologischen Spezialgebiet auftreten, nämlich der Pharmakodynamik. Schon *Loewe* (1928) hat eine dem Begriff der offenen Systeme gleichartige Betrachtungsweise angewendet und die quantitativen Beziehungen für die Wirkung von Pharmaka im

Organismus („Einhänge-, Eintropf-, Ausschaltsysteme") abgeleitet. Von *Werner* (1947) wurden die verschiedenen Gesetze der pharmakodynamischen Wirkung aus einer allgemeinen Systemfunktion abgeleitet, und ebenso kann die Theorie der pharmakodynamischen Wirkung von *Druckrey* und *Küpfmüller* (1949) mit dem Begriff der offenen Systeme verknüpft werden.

Unabhängig von den Problemstellungen der Biologie, aber zu gleichartigen Vorstellungen und Lösungen führend, sind moderne Entwicklungen in der *chemischen Kinetik*. Hier besteht die Tendenz zu einer Verallgemeinerung und Formalisierung, deren Ausdruck *Skrabal*s Simultankinetik (seit 1941) ist. Sie formuliert die Gesetze nicht für Einzel- und Bruttoreaktionen, sondern für Reaktionssysteme und die Zwischenprodukte, die im Laufe der Reaktion auftreten. In komplizierteren Reaktionssystemen sind solche Zwischenprodukte in Zuständen des „laufenden" oder „Fließgleichgewichts" vorhanden. So kommt *Skrabal* zu Systemen simultaner Gleichungen, die formal den bei offenen Systemen auftretenden entsprechen. Dies hängt damit zusammen, daß es vom Standpunkt oder, wenn man will, von der Perspektive abhängt, welches System wir als „geschlossen" oder „offen" annehmen. So ist z. B. der Organismus als solcher ein offenes System par excellence; der Organismus plus einem passend gewählten Umweltausschnitt kann als geschlossenes System betrachtet werden. Eine Folgerung daraus ist z. B., daß der Zustand des Organismus nicht durch maximale Entropie definiert ist, während für Organismus + Umwelt das Prinzip der Zunahme der Entropie gilt. Ähnlich können in einem geschlossenen chemischen System Teilakte als offene Systeme betrachtet werden, die dann nicht als echtes, sondern als Fließgleichgewicht charakterisiert sind.

Abermals unabhängig, tritt das Problem in der *angewandten Chemie* auf. In der modernen technischen Chemie spielen neben Prozessen in geschlossenen Reaktionssystemen kontinuierliche Reaktionen in offenen Systemen mit Zu- und Abfluß eine zunehmende Rolle. Dies führt naturgemäß zur Notwendigkeit einer Theorie solcher Systeme, um die Vorzüge von Reaktionen im geschlossenen oder im offenen System, die optimalen Reaktionsbedingungen für letztere usf. festzustellen. Dies führt zur Kinetik offener Systeme und zu entsprechenden mathematischen Formulierungen, wie sie in der Biophysik auftreten.

Schließlich stellt sich in der *Physik* die Notwendigkeit einer Verallgemeinerung heraus. Die übliche Thermodynamik behandelt fast ausschließlich Gleichgewichtszustände, Vorgänge in geschlossenen Systemen und Übergänge von einem Gleichgewichtszustand in einen anderen. Die Gleichungen der klassischen Thermodynamik sind nur auf reversible Prozesse anwendbar. Ferner gilt der 2. Hauptsatz definitionsgemäß nur für geschlossene Systeme; er definiert nicht die Zustandsbedingungen in offenen Systemen. Diese klassische Lehre wird daher angemessener als „Thermostatik" bezeichnet. Sie erweist sich als unzureichend, sobald Nichtgleichgewichtszustände, Stofftransporte durch die Systemgrenzen und irreversible Prozesse ins Spiel kommen.

Manche derartige Prozesse können durch „pseudothermostatische" Theorien näherungsweise erfaßt werden, wie z.B. in der Behandlung der Thermoelektrizität durch *Thomson*, des Diffusionspotentials durch *Helmholtz* und in *Eastman*s und *Wagner*s Theorie der Thermodiffusion. Dieses Verfahren läuft wesentlich darauf hinaus, daß man die Gesetze der klassischen Thermodynamik auf einen (als reversibel angenommenen) Teil des irreversiblen Prozesses anwendet, den Rest aber vernachlässigt. So werden z. B. in der *Thomson*schen Behandlung des thermoelektrischen Effekts die Gesetze der Thermostatik angewendet auf den als reversibel angenomenen Teil, die *Peltier*- und *Thomson*-Wärme (d. h. die Erzeugung oder Absorption von Wärme infolge des im Thermoelement fließenden Stromes). Diese Effekte sind „reversibel" in dem Sinne, daß sie ihr Vorzeichen mit Änderung der Stromrichtung umkehren. Andererseits wird der irreversible Teil des Vorganges vernachlässigt, nämlich die Wärmeleitung in den Drähten und die *Joule*sche Wärme (bedingt durch den Widerstand). In diesem Falle ist das Ergebnis zutreffend, weil gezeigt werden kann, daß tatsächlich die *Thomson*sche Behandlung den *Onsager*-Relationen (S. 41) entspricht. Im allgemeinen führt jedoch die pseudothermostatische Behandlung nur zu angenäherten Lösungen, denen es an Allgemeinheit und Genauigkeit mangelt. Die Unzulänglichkeit der klassischen Thermostatik stellt sich in zahlreichen Problemen heraus, die hier nur angenäherte oder überhaupt keine Lösungen zulassen.

So ist die neueste Entwicklungsphase der Thermodynamik deren Verallgemeinerung auf irreversible Prozesse und offene Systeme. Sie wurde, insbesondere durch die belgische Schule (*de Donder, Onsager, Prigogine, Casimir, de Groot, de Boer* u. a.) als weitgehend in sich geschlossenes System durchgeführt. Sie führt zu einer Lösung zahlreicher Probleme, für die, wie in den Gebieten der Elektrochemie, der Thermoosmose, der Thermodiffusion, der Thermoelektrizität, der Supraflüssigkeit des Heliums II usf., die klassische Theorie unzureichend war. Diese neue Entwicklung, teilweise mitangeregt durch biologische Problemstellungen, ist um so bemerkenswerter, als die Thermodynamik als eines der am meisten abgeschlossenen Gebiete der Physik erschien.

„Die beiden Hauptsätze der Thermodynamik gelten nur für (stofflich) geschlossene Systeme, die mit ihrer Umgebung nur Energie, aber keine Materie austauschen, also für sehr spezielle Systeme... Die Thermodynamik ist eine bewundernswerte, aber *unvollständige* Theorie, und dieser unvollständige Charakter rührt daher, daß sie nur auf Gleichgewichtszustände in geschlossenen Systemen anwendbar ist. *Daher muß notwendig eine allgemeinere Theorie geschaffen werden, die nicht nur Gleichgewichtszustände, sondern auch Nicht-Gleichgewichtszustände umfaßt*" (*Prigogine*, 1947).

Wenn innerhalb der letzten Jahre nicht weniger als drei umfangreiche Abhandlungen über eine verallgemeinerte Thermodynamik (*Prigogine*, 1947; *Denbigh*, 1951; *de Groot*, 1951) erschienen sind, so beweist das die Aktualität des Problems.

Endlich haben diese Entwicklungen weitgehende Auswirkungen auf die *Naturphilosophie*. Vitalistische Gedankengänge wurden auf Phänomene begründet, die angeblich eine Verletzung der physikalischen Gesetze in der belebten Natur darstellen. Hierher gehören die Erscheinungen der embryonalen Regulation, deren Äquifinalität und „Ganzheitskausalität" (d. h. die Erhöhung des Mannigfaltigkeitsgrades ohne äußere Ursachen), und die Selbstvermehrung biologischer Elementareinheiten wie der Gene und Viren, welche die Grundlage von *Driesch*s „erstem" und „zweitem" Beweis des Vitalismus bildeten. Vielen Forschern machte auch die Frage der Gültigkeit des 2. Hauptsatzes in der belebten Natur Kopfzerbrechen.

„Wenn die Wissenschaft behauptet, daß alle Erscheinungen im Weltall dem Prinzip von *Carnot-Clausius* gehorchen müssen, wir dann aber Erscheinungen entdecken, die das anscheinend nicht tun, so haben wir einen Beweis in den Händen, daß die Wissenschaft nicht alle Erscheinungen erfaßt, und das schränkt ihre allgemeine Gültigkeit ein. Ein solcher Fall liegt in der natürlichen Evolution vor, die in einer von der Wissenschaft *verbotenen* Richtung fortschreitet, nämlich in Richtung auf immer unwahrscheinlichere Zustände. Wir schließen daraus, daß unsere Wissenschaft noch nicht allgemein genug ist und nur den unbelebten Stoff erfaßt" (*Lecomte du Noüy*, 1947).

Wir werden sehen, daß die vermutete Verletzung der physikalischen Gesetze bei biologischen Phänomenen mit einer Erweiterung der physikalischen Theorie auf offene Systeme verschwindet.

Wie diese Übersicht zeigt, entwickelt sich aus verschiedenen, aber miteinander verbundenen Wurzeln eine umfassende neue Vorstellungswelt, welche Fragestellungen von der Thermodynamik, physikalischen und industriellen Chemie bis zur Biophysik, Biologie und Pharmakodynamik umspannt. Die Theorie offener Systeme und der in ihnen auftretenden „Fließgleichgewichte" eröffnet in physikalischer Beziehung ein Neuland, das zu grundsätzlich neuartigen und teilweise umwälzenden Konsequenzen führt. In der Biologie leitet sie zum Verständnis von oft als Domäne des Vitalismus betrachteten Grundphänomenen des Lebens und zu quantitativen Gesetzmäßigkeiten wichtiger Lebenserscheinungen.

Das Gebiet ist weit davon entfernt, eine abgeschlossene Theorie darzustellen. Die neue Thermodynamik ringt um formale Sauberkeit. Überraschungen ganz prinzipieller Art sind nicht selten, wie z. B. der Nachweis, daß wir derzeit keine allgemeine, thermodynamische Definition des Fließgleichgewichts besitzen. In der Biologie sind die Anwendungen erst in wenigen Fällen quantitativ, meist sind nur qualitative Charakterisierungen möglich. Daß das Gebiet sich in Entwicklung befindet, läßt weite Möglichkeiten offen und sollte ein Anreiz sein, das Neuland zu bearbeiten.

Die vorliegende Schrift setzt sich zum Ziel, auf die Probleme hinzuweisen. Der Autor legt als Biologe naturgemäß den Nachdruck auf die Fragestellungen seines eigenen Gebietes, doch hofft er, auch dem Physiker und physikalischen Chemiker Anhaltspunkte zu bieten, die ein Eindringen in diese in Deutschland erst wenig bekannten Entwicklungen und die einschlägige Literatur erleichtern. Die moderne Erweiterung der Thermodynamik ist im wesentlichen nur bei jenenErgebnissen herangezogen worden, die sich auf offene Systeme beziehen. Die allgemeine Theorie irreversibler Vorgänge wird, unter Hinweis auf oben erwähnte neuere Darstellungen, nur gestreift, obwohl künftige Entwicklungen auch in der Biologie sich wahrscheinlich mit ihr werden auseinandersetzen müssen. Das Gebiet verlangt zu seiner weiteren Entwicklung die Zusammenarbeit von Vertretern der oben erwähnten Gebiete, zu der diese Schrift beitragen möchte.

Es ist dem Verfasser eine besondere Freude, Herrn Professor *Westphal* Dank zu sagen, daß er für diese deutsche Ausgabe Sorge getragen hat. Professor *Westphal* hat schon vor langen Jahren bei der Prägung des Ausdrucks „Fließgleichgewicht“ Pate gestanden, und sein fortgesetztes Interesse ist dem Autor die wertvollste Bürgschaft für seine Absichten. Herrn Professor *C. P. Leblond* (McGill University, Montreal) dankt der Verfasser für die Zusammenstellung und Überlassung der wertvollen Tabelle II über die Erneuerungszeiten tierischer Gewebe. Die Arbeit an einigen im Text erwähnten Problemen wird unterstützt durch Forschungsbeihilfen des National Research Councils und des National Cancer Institute of Canada, deren Förderung der Arbeiten des Verfassers auch an dieser Stelle dankbar gedacht sei.

## 2. Der dynamische Zustand des Organismus

Jeder lebende Organismus erhält seinen Zustand unter stetem Wechsel seiner Bestandteile aufrecht. Neuere Untersuchungen haben auf verschiedene Weise bewiesen, daß dieser Strom von Materie, der den Organismus zugleich passiert und ihn aufbaut, mit einer kaum erwarteten

Geschwindigkeit erfolgt. Den eindringlichsten Beweis liefert die Isotopenmethode. Durch Verabreichung von Stoffen, welche durch Isotope markiert sind, kann die Umsatzgeschwindigkeit der Baustoffe des Körpers abgeschätzt werden: die markierten Moleküle werden in körpereigene Stoffe eingebaut und schließlich, nach Abbau der letzteren, ausgeschieden. Das Isotopenverfahren zeigt, daß die Eiweißstoffe, Kohlehydrate und Fette und sogar scheinbar inerte Stoffe wie die Mineralsubstanzen des Dentins und des Knochens, sich in einem Prozeß ständigen Auf- und Abbaus befinden. Einige Schätzungen der Umsatzgeschwindigkeiten und der Halbwertzeiten von Geweben gibt die Tabelle I.

Tabelle I.
**Proteinumsatz im Tierkörper, bestimmt durch Einführung von mit $^{15}N$ markiertem Glycin.** Nach *Sprinson* und *Rittenberg* (1949)

| | | Umsatzrate ($k$) je Tag | Halbwertzeit ($t_{1/2}$) in Tagen |
|---|---|---|---|
| Ratte: | Gesamtprotein | 0,04 | 17 |
| | Proteine der Leber, des Plasmas und der Eingeweideorgane | 0,12 | 6—7 |
| | Rest des Körpers | 0,033 | 21 |
| Mensch: | Gesamtprotein | 0,0087 | 80 |
| | Leber- und Serumproteine | 0,0693 | 10 |
| | Protein der Muskulatur und anderer Organe | 0,0044 | 158 |

Ebenso wie die chemischen Komponenten befinden sich auch viele morphologische Einheiten des Organismus in einem kontinuierlichen Auf- und Abbau und werden so in einem stationären Zustand erhalten (*Leblond* und Schule). Solche Organe sind gekennzeichnet durch eine relativ hohe Mitoserate im erwachsenen Organismus, die durch einen entsprechenden Zellverlust ausgeglichen wird, so daß die Gesamtzahl der Zellen unverändert bleibt und weder positives noch negatives Wachstum stattfindet. Eine viel verwendete Technik zur Bestimmung der mitotischen Aktivität in Geweben ist die Anwendung von Colchicin, das die Kernteilung stoppt und daher die Feststellung der Mitoserate über eine bestimmte Zeitperiode gestattet. Tabelle II zeigt den Zellumsatz in einer Reihe von tierischen Geweben.

Drittens kann der Abbau der Baustoffe der Körper aus einer mathematischen Analyse des tierischen Wachstums erschlossen werden. Eine solche Abschätzung auf Grund der vom Verfasser aufgestellten Wachstumstheorie hat zu folgenden Schlüssen geführt:

Tabelle II. **Zellumsatz in Rattengeweben.**
Nach *C. P. Leblond* und *F. D. Bertalanffy*

| | % Zellen gebildet je Tag | Erneuerungszeit in Tagen | Literatur (s. u.) |
|---|---|---|---|
| *I. Gewebe ohne Zellvermehrung* | | | |
| Nervengewebe | 0 | keine | [1] |
| Nebennierenmark | 0 | keine | [1] |
| *II. Gewebe mit schwacher Zellvermehrung, aber ohne merkbare Erneuerung* | | | |
| Nebennierenrinde | 0,2 | keine | [1] |
| Leber | 0,2 | keine | [1] |
| | 0,7 | keine | [2] |
| Niere: Tubuli contorti | | | |
| I. Ordnung | 0,3 | keine | [1] |
| II. Ordnung | 0,4 | keine | [1] |
| Glomeruli | 0,4 | keine | [1] |
| Schilddrüse | 0,3 | keine | [1] |
| *III. Gewebe mit Zellerneuerung* | | | |
| Darmepithel | 70,4 | 1,4 | [3] |
| Magen: Corpus | | | |
| Oberflächenepithelzellen | 35,4 | 2,8 | [4] |
| Mucosazellen | 15,6 | 6,4 | [4] |
| Magen: Pylorus | | | |
| Oberflächenepithelzellen | 51,6 | 1,9 | [4] |
| Drüsenzellen | 56,4 | 1,8 | [4] |
| Epidermis: Fußsohle | | | |
| Stratum germinativum | 5,2 | 16,9 | [5] |
| Stratum granulosum | 5,2 | 2,2 | [5] |
| Stratum corneum | 3,3 | 20,0 | [5] |
| Epidermis: Ohr | | | |
| Malpighische Schichten | 2,9 | 34,5 | [1] |
| Epidermis: Bauchhaut | | | |
| Malpighische Schichten | 5,2 | 19,2 | [1] |
| Epithel der Blase | 1,5 | 66,5 | [6] |
| Epithel der Trachea | 2,1 | 47,6 | [1] |
| Lymphknoten der Lunge (Lymphozyten) | 14,6 | 6,9 | [7] |
| Lunge: Vakuolierte Alveolarzellen | 3,4 | 29,6 | [7] |
| Unvakuolierte Alveolarzellen | 12,3 | 8,2 | [7] |

**Literatur**


[1] Unveröffentlichte Daten.
[2] *C. E. Stevens* u. a., J. Biol. Chem. **202** (1953), S. 177.
[3] *C. P. Leblond* und *C. E. Stevens*, Anat. Rec. **100** (1948), S. 357.
[4] *C. E. Stevens* und *C. P. Leblond*, Anat. Rec. **115** (1953), S. 231.
[5] *W. Storey* und *C. P. Leblond*, Annals of the N. Y. Acad. Sci. **53** (1951), S. 537.
[6] Vorläufige Daten mit *M. Vulpe*.
[7] *F. D. Bertalanffy* und *C. P. Leblond*, Anat. Rec. **115** (1953), S. 515.

1. Der Eiweißstoffwechsel erfolgt besonders im Säugetierorganismus viel schneller, als die klassische Physiologie annahm.

2. Es findet eine Synthese und Resynthese von Aminosäuren und Proteinen aus Ammoniak und stickstofffreien Ketten statt.

3. Bei eiweißarmer Ernährung wird Stickstoff aus abgebauten Organbausteinen zurückgehalten und für die Regeneration von Eiweiß verwendet. Das erklärt die sogenannte eiweißsparende Wirkung der Kohlehydrate (das heißt, die Tatsache, daß ein Organismus bei kohlehydratreicher Kost weniger Eiweiß benötigt, als seiner Stickstoffausscheidung bei Hunger entspricht). Diese Schlüsse (*Bertalanffy*, 1938) sind im Einklang mit den neueren, mit der Isotopenmethode gewonnenen experimentellen Befunden (*Schoenheimer*, 1949; *Sprinson* und *Rittenberg*, 1949).

*Rittenberg* (1948) hat die Schlußfolgerungen aus den Isotopenversuchen folgendermaßen zusammengefaßt:

„Die Entdeckung und Beschreibung des dynamischen Zustandes der lebenden Zellen ist der wichtigste Beitrag, den die Isotopentechnik auf dem Gebiete der Biologie und Medizin erbracht hat ... Die proteolytischen und hydrolytischen Fermente sind ununterbrochen tätig, Eiweißstoffe, Kohlehydrate und Lipoide mit hoher Geschwindigkeit abzubauen. Die Abnutzung der Zellstruktur wird fortwährend kompensiert durch eine Gruppe synthetischer Reaktionen, welche die degradierten Strukturen wieder aufbauen; die erwachsene Zelle erhält sich in einem Fließgleichgewicht nicht infolge der Abwesenheit abbauender Reaktionen, sondern weil die synthetischen und abbauenden Reaktionen mit gleicher Geschwindigkeit ablaufen. Das Ergebnis scheint eine Abwesenheit von Reaktionen im normalen Zustand zu sein; die Annäherung an das Gleichgewicht ist ein Zeichen des Todes."

Dies mag verglichen werden mit der folgenden, aus der Untersuchung des tierischen Wachstums gezogenen Schlußfolgerung:

„Jede organische Form ist der Ausdruck eines Geschehensstromes, ... (sie) beharrt in einem ständigen Wechsel ihrer Bestandteile ... Wir finden diesen ständigen Wechsel der Bestandteile auf allen Niveaus biologischer Organisationen. In der Zelle geht eine fortwährende Zerstörung ihrer Baumaterialien vor sich, in der sie als Ganzes beharrt; im vielzelligen Organismus sterben fortwährend Zellen ab und werden durch neue ersetzt, jener Prozeß, der als physiologische Regeneration z. B. der oberflächlichen Epidermisschichten besonders augenfällig ist; in ihm aber beharrt die Gesamtgestalt des Organismus; in der Lebensgemeinschaft, der Biozoenose, der Rasse und Art sterben fortwährend Individuen und werden neue geboren, aber die überindividuelle Organisation bleibt bestehen. Jedes organische Gebilde scheint daher, von einem bestimmten Gesichtspunkt betrachtet, als beständig, als beharrend; gehen wir aber einen Schritt tiefer, so finden wir, daß diese Beharrung einen ständigen Wechsel der nächst untergeordneten Systeme bedeutet: der chemischen Komponenten in der Zelle, der

Zellen im vielzelligen Gesamtorganismus, der Individuen in den überindividuellen Lebenseinheiten. In diesem Sinne wurde gesagt (*Bertalanffy*, 1932, S. 248ff.), ein beliebiges organisches System sei im wesentlichen nichts anderes als eine hierarchische Ordnung im dynamischen Gleichgewicht stehender Abläufe ... (Wir können daher organische Formen) betrachten als Ausdruck eines geordneten Geschehensflusses, als Ausdruck eines geordneten Systems von Kräften. Das ist jene Betrachtungsweise, die hier dynamische Morphologie genannt wurde" (*Bertalanffy*, 1941 a).

## 3. Allgemeine Kennzeichen offener Systeme

Demnach ist der lebende Organismus ein System, das sich in einem Stofftransport von beträchtlicher Geschwindigkeit erhält. Wenn wir aber nach den Gesetzen fragen, die diesen dynamischen Zustand der Organismen beherrschen, so finden wir uns in einer schwierigen Lage. Die übliche Physik und physikalische Chemie sagen uns so gut wie nichts über das Verhalten derartiger Systeme — und genau das ist die Ursache dafür, daß ein lebender Organismus in vielen Beziehungen als etwas höchst Paradoxes erscheint, wenn man ihn vom Standpunkt der konventionellen Physik aus betrachtet.

Die übliche Physik und physikalische Chemie befassen sich nur mit *geschlossenen* Systemen, d. h. mit solchen, die keine Materie mit ihrer Umgebung austauschen (wobei ein etwaiger Energieaustausch zusätzlich berücksichtigt wird). Ein geschlossenes System *muß* schließlich einen zeitunabhängigen *Gleichgewichtszustand* erreichen, bei dem alle makroskopischen Zustandsgrößen konstant geworden und alle makroskopischen Prozesse beendet sind. Im Gegensatz dazu *kann* ein *offenes*, d. h. mit der Umgebung in Stoffaustausch stehendes System unter bestimmten Bedingungen einen zeitunabhängigen Zustand, genannt *Fließgleichgewicht* (steady state), annehmen, bei dem die makroskopischen Zustandsgrößen konstant bleiben, obgleich makroskopische Stoffzufuhr- und -abfuhrprozesse fortlaufen. Gleichgewicht ist die zeitunabhängige Zustandsbedingung eines geschlossenen, Fließgleichgewicht die eines offenen Systems. Letzteres stellt den allgemeineren Fall dar; denn wir können von einem offenen System stets zu einem geschlossenen System als Grenzfall übergehen, indem wir alle Transportgrößen auf Null gehen lassen, aber nicht umgekehrt.

Eine Bemerkung zur *Terminologie* scheint hier angebracht. Ein System heißt *geschlossen*, wenn keine Stoffe von außen in dasselbe ein- noch solche aus ihm austreten. Ein *offenes* System ist ein solches, bei dem Ein- und Ausfuhr von Stoff stattfindet.

*Stationärer Zustand* (stationary state) bezeichnet den zeitunabhängigen Zustand eines beliebigen Systems: $\partial Q_i/\partial t = 0$ für eine Zeit $t \neq 0$, gleichgültig, um was für ein System es sich handelt.

*Gleichgewicht* (equilibrium) ist der zeitunabhängige Zustand eines geschlossenen Systems, bei dem alle makroskopischen Größen ungeändert bleiben und alle makroskopischen Prozesse aufhören. Dies hindert nicht, daß die mikroskopischen Prozesse im chemischen, Wärmegleichgewicht usf. fortgehen, in der Weise, daß die Geschwindigkeit der Prozesse von links nach rechts gleich der der Prozesse von rechts nach links ist. Jedes geschlossene System muß nach dem 2. Hauptsatz schließlich einen zeitunabhängigen Gleichgewichtszustand mit maximaler Entropie und minimaler freier Energie erreichen.

Offene Systeme können, unter bestimmten Bedingungen, einen zeitunabhängigen Zustand erreichen, bei dem alle makroskopischen Größen ungeändert bleiben, obwohl makroskopische Prozesse der Ein- und Ausfuhr kontinuierlich fortgehen. Ein solcher Zustand wird als *Fließgleichgewicht* (steady state) bezeichnet. Beispiele dafür sind offene Reaktionssysteme in der technischen Chemie sowie die lebenden Organismen.

Was als „geschlossenes" und was als „offenes" System angesehen wird, hängt von der Betrachtungsweise ab. So ist z. B. der lebende Organismus, für sich betrachtet, ein offenes System, und aus diesem Grunde sind seine Zustandsbedingungen nicht durch die konventionelle Kinetik und Thermodynamik definiert. Der Organismus nebst einer passend gewählten Umwelt kann hingegen als geschlossenes System behandelt werden, in welchem die Entropie zunimmt. Ähnlich können in einem geschlossenen chemischen Reaktionssystem einzelne Reaktionsakte, für sich betrachtet, kontinuierlich fortgehen, und dann bedeuten sie offene Systeme mit Import und Export. Daher können in einem chemischen System vor Erreichung des vollständigen Gleichgewichts Zustände eintreten, in denen die Geschwindigkeiten von fortlaufenden Teilreaktionen zwischen Reaktanten und Zwischenprodukten äquilibriert sind. Diese Zustände werden von *Skrabal* gleichfalls als Fließgleichgewicht bezeichnet. Es ist jedoch vielleicht zweckmäßiger, für sie den Namen *laufendes Gleichgewicht* (transient equilibrium) festzuhalten und den Ausdruck Fließgleichgewicht auf den zeitunabhängigen Zustand offener Systeme mit manifestem Ein- und Ausfluß zu beschränken.

Die Einführung dieser neuen, aber inzwischen weitgehend anerkannten Terminologie scheint erforderlich, weil der Ausdruck „stationär" in verschiedenem Sinne und sowohl für geschlossene Systeme, wie ein Atom, ein chemisches Gleichgewicht usf., als auch für offene Systeme, wie die Flamme, den Wasserstrahl, den Organismus, gebraucht wird. In englischer Sprache wird dieser Unterschied durch die Ausdrücke stationary state und steady state gekennzeichnet, welch letzterer dem deutschen Fließgleichgewicht entspricht.

Chemische Gleichgewichte beruhen auf reversiblen Prozessen. Dagegen sind Fließgleichgewichte als Ganzes irreversibel, und auch einzelne Reaktionen im System können irreversibel sein. Ein geschlossenes System im Gleichgewicht braucht weder Energie für seine Erhaltung, noch kann aus ihm Energie bezogen werden. So ist ein chemisches Gleichgewicht nicht ein Zustand der chemischen Ruhe; vielmehr finden in ihm fortwährend Umsetzungen statt, die so geregelt sind, daß von jeder Molekül- oder Ionenart ebenso viel gebildet wird wie verschwindet. Jedoch ist das chemische Gleichgewicht arbeitsunfähig: die algebraische Summe aller Arbeiten, die aus den Elementarreaktionen gewonnen bzw. für sie aufgewendet werden, ist gleich Null. Damit ein System Arbeit leisten kann, darf es nicht im Gleichgewicht sein. sondern muß auf ein solches hinstreben. Damit es das *dauernd* tun kann, muß das System in einem Zustand des Fließgleichgewichts erhalten werden. So verhält es sich mit dem lebenden Organismus, bei dem die Tatsache, daß er ein offenes System ist, die notwendige Bedingung für seine dauernde Arbeitsfähigkeit ist, andererseits aber bedingt, daß er zur Aufrechterhaltung seiner Abweichung vom Gleichgewicht ständig neu zugeführter Energien bedarf.

Zur Erhaltung des Fließgleichgewichts ist es notwendig, daß die Geschwindigkeit der Prozesse genau abgestimmt ist. Rasch verlaufende Vorgänge führen auch im Organismus zum chemischen Gleichgewicht. So beruht z. B. die Anwendbarkeit des chemischen Gleichgewichts auf die Vorgänge im Blut darauf, daß es sich um Momentanreaktionen handelt, die in „unendlich" kurzer Zeit zum Gleichgewicht führen. Die relativ langsamen Vorgänge des Stoffwechsels aber erreichen kein Gleichgewicht, sondern werden bei ständigem Zu- und Abfluß in einem gleichbleibenden Zustand mit konstantem Abstande von jenem erhalten. Durch den Aufbau des Organismus aus komplizierten Kohlenstoffverbindungen wird seine Erhaltung im Fließgleichgewicht ermöglicht. Diese sind einerseits energiereich, andererseits chemisch träge, so daß die Erhaltung eines beträchtlichen chemischen Potentials möglich ist. Andererseits wird durch die Fermente eine schnelle und geregelte Entbindung dieser Energiebeträge ermöglicht, so daß das Fließgleichgewicht aufrechterhalten werden kann.

Grundlegend für eine echte Biophysik, für eine Physik des lebenden Organismus, ist daher eine Theorie der offenen Systeme und Fließgleichgewichte. In Beziehung zur üblichen Physik und physikalischen Chemie bedeutet das eine Erweiterung und Verallgemeinerung.

## 4. Kinetik offener Systeme

Das Interesse für die Kinetik offener Systeme stammt aus drei verschiedenen Quellen. Die erste ist die Tatsache, daß die lebenden Organismen offene Systeme sind, und das hat Biologen wie *Burton* (1939) und den Verfasser dieser Schrift zum Studium des Problems veranlaßt. Reversible Prozesse und chemische Gleichgewichte spielen zwar im Organismus eine wichtige Rolle. Ein Beispiel ist der Transport des Sauerstoffs von den Lungen in die Gewebe auf Grund des Gleichgewichts zwischen Sauerstoff, Hämoglobin und Oxyhämoglobin: in den Lungen erfolgt bei hohem Sauerstoffdruck Aufladung des Hämoglobins mit Sauerstoff, das in Oxyhämoglobin verwandelt wird; in den Geweben zerfällt bei niederem Sauerstoffdruck das Oxyhämoglobin, und der Sauerstoff wird freigegeben. Dabei können nicht nur für die einfacheren Verhältnisse in reiner Hämoglobinlösung, sondern auch für die komplizierteren im Wirbeltierblut quantitative Formulierungen angegeben werden. Indessen kann nur ein Teil der physiologischen Prozesse auf diese Weise behandelt werden. Alle langsameren Reaktionen im Organismus führen nicht zu einem echten Gleichgewicht, sondern werden in einem Fließgleichgewicht erhalten.

Der zweite Ausgangspunkt ist die technische Chemie. Diese bedient sich neben Reaktionen in geschlossenen Behältern oft kontinuierlicher Reaktionssysteme, bei denen Material ein- und austritt, und so wurden technische Chemiker, wie *Denbigh* (1944ff.), auf die gleichen Fragen geführt. Kontinuierliche Reaktionssysteme haben in den letzten Jahren zunehmend an Wichtigkeit gewonnen (vgl. z. B. *Weber*, 1953).

Schließlich gibt es noch einen dritten und etwas überraschenden Weg, der zu einer ähnlichen Fragestellung führt. Eine Biocoenose, eine Lebensgemeinschaft von miteinander in Wechselwirkung und Wettbewerb stehenden Arten, bildet gleichfalls ein offenes System, das sich in einem Zustande ständigen Austauschs: Geburt und Tod, Ein- und Auswanderung von Individuen, erhält. Es erweist sich, daß die für offene Systeme in Physik und Biologie gültigen Grundgleichungen denen entsprechen, welche *Lotka* und *Volterra* aus Anlaß der Theorie der Bevölkerungsdynamik und der biologischen Gleichgewichte untersucht haben (*Lotka*, 1925; *Volterra*, 1931; *Kostitzin*, 1937; *d'Ancona*, 1939).

Fließgleichgewichte haben viele Eigenschaften, denen man bei Systemen im Gleichgewicht nicht begegnet, und es erweist sich, daß eine Anzahl von Merkmalen lebender Systeme eine Folge der Tatsache ist, daß sie sich eher im Fließgleichgewicht als im Gleichgewicht befinden.

### 5. Allgemeine Gleichungen der offenen Systeme

Allgemein gesprochen, kann man offene Systeme durch eine allgemeine Transportgleichung beschreiben. Es sei $Q_i$ ein Maß des $i$-ten Elements des Systems, etwa eine Konzentration oder ein thermodynamisches Potential. Dann kann die zeitliche Änderung des Systems durch ein System simultaner Differentialgleichungen ausgedrückt werden:

$$\frac{\partial Q_i}{\partial t} = T_i + P_i, \quad i = 1, 2, 3, \ldots, n. \qquad (1)$$

Darin sind die $T_i$ Funktionen, die den Transport der fraglichen Komponente, und die $P_i$ diejenigen, welche ihre Erzeugung an einer bestimmten Stelle innerhalb des Systems beschreiben. Die algebraische Summe von Transport und Erzeugung kann man als den *Fluß* dieser Komponente am betrachteten Ort bezeichnen. In kinetischer Ausdrucksweise wird $P_i$ die Gestalt einer Reaktionsgleichung haben; $T_i$ wird im einfachsten Fall durch das *Fick*sche Diffusionsgesetz dargestellt werden. Ein Gleichungssystem (1) kann drei Arten von Lösungen haben. Erstens: die $Q_i$ können unbeschränkt zunehmen; zweitens: es kann ein zeitunabhängiger Zustand des Fließgleichgewichts erreicht werden; drittens: es können periodische Schwankungen eintreten. Sofern ein stationärer Zustand erreicht ist, müssen für eine Zeit $t \neq 0$ die zeitunabhängigen Gleichungen

$$T_i + P_i = 0 \quad \ldots\ldots\ldots\ldots\ldots\ldots\ldots (2)$$

gelten. Wenn beide Größen linear in den $Q_i$ und von der Zeit unabhängig sind, hat die Lösung der Gl. (1) die Gestalt

$$Q_i = Q_{i1}(x, y, z) + Q_{i2}(x, y, z, t), \quad \ldots\ldots\ldots\ldots (3)$$

wobei $Q_{i2}$ eine Funktion der Zeit ist, die bei bestimmten Grenzbedingungen auf Null geht.

Wenn wir annehmen, daß die Konzentrationen im ganzen Volumen des Systems gleich sind, also bei vollkommener Durchmischung, so verschwinden die Raumkoordinaten, und statt partieller erhalten wir gewöhnliche Differentialgleichungen.

Das einfachste denkbare offene System ist eine monomolekulare Reaktion, die von zwei Diffusionsprozessen eingerahmt ist, von einer „Quelle" am Eingang und einer „Senke" am Ausgang:

$$\overset{\varkappa_1}{\longleftrightarrow} A \underset{k_2}{\overset{k_1}{\rightleftarrows}} B \overset{\varkappa_2}{\longleftrightarrow} \quad \ldots\ldots\ldots\ldots\ldots\ldots\ldots (4)$$

Es seien $c_a$, $c_b$ die Konzentrationen innerhalb des Systems, $c_{ea}$, $c_{eb}$ diejenigen außerhalb desselben, welch letztere als konstant angenommen seien.

Dann lauten die Differentialgleichungen für das System:

$$\left.\begin{aligned} \frac{dc_a}{dt} &= \varkappa_1 (c_{ea} - c_a) - k_1 c_a + k_2 c_b \\ \frac{dc_b}{dt} &= \varkappa_2 (c_{eb} - c_b) + k_1 c_a - k_2 c_b. \end{aligned}\right\} \quad \ldots\ldots\ldots\ldots (5)$$

$\varkappa_1$ und $\varkappa_2$ sind Konstanten des Zu- und des Abflusses, $k_1$ und $k_2$ die Geschwindigkeitskonstanten. Die Konzentrationen $\bar{c}_a$ und $\bar{c}_b$ im stationären Zustande erhält man durch Lösung der Gleichungen für $dc_a/dt = dc_b/dt = 0$. Die Entwicklung des Systems kann durch Lösung der Differentialgleichungen (5) ermittelt werden. Sofern die Gleichungen linear sind — was zutrifft, wenn die Reaktionen von 1. Ordnung sind und der Transport dem *Fick*schen Gesetz folgt — so kann das Gleichungssystem (5) und jedes kompliziertere System dieser Art auf die folgende allgemeine Form gebracht werden:

$$\left.\begin{aligned} \frac{dc_1}{dt} &= a_1 + a_{11}c_1 + a_{12}c_2 + \cdots + a_{1n}c_n \\ \frac{dc_2}{dt} &= a_2 + a_{21}c_1 + a_{22}c_2 + \cdots + a_{2n}c_n \\ &\cdots\cdots\cdots\cdots\cdots\cdots\cdots\cdots \\ \frac{dc_n}{dt} &= a_n + a_{n1}c_1 + a_{n2}c_2 + \cdots + a_{nn}c_n. \end{aligned}\right\} \quad \ldots\ldots\ldots (6)$$

Die allgemeine Lösung dieses Gleichungssystems lautet:

$$\left.\begin{aligned} c_1 &= \bar{c}_1 + C_{11}e^{-\lambda_1 t} + C_{12}e^{-\lambda_2 t} + \cdots + C_{1n}e^{-\lambda_n t}, \\ c_2 &= \bar{c}_2 + C_{21}e^{-\lambda_1 t} + C_{22}e^{-\lambda_2 t} + \cdots + C_{2n}e^{-\lambda_n t}, \\ &\cdots\cdots\cdots\cdots\cdots\cdots\cdots\cdots \\ c_n &= \bar{c}_n + C_{n1}e^{-\lambda_1 t} + C_{n2}e^{-\lambda_2 t} + \cdots + C_{nn}e^{-\lambda_n t}. \end{aligned}\right\} \quad \ldots (7)$$

Darin bedeuten die $\bar{c}$ die Konzentrationen im Fließgleichgewicht ($t \to \infty$), die $\lambda$ die durch die Parameter des Systems bestimmten Lösungen der charakteristischen Gleichung:

$$\begin{vmatrix} a_{11}+\lambda & a_{12} & \cdots & a_{1n} \\ a_{21} & a_{22}+\lambda & \cdots & a_{2n} \\ \cdots & \cdots & \cdots & \cdots \\ a_{n1} & a_{n2} & \cdots & a_{nn}+\lambda \end{vmatrix} = 0 \ldots\ldots\ldots (8)$$

und die $C$ Integrationskonstanten, die auch von den $c$-Werten zur Zeit $t = 0$ abhängen.

Für das einfachste offene System (5) gestaltet sich die Lösung folgendermaßen. Zur Beseitigung der konstanten Glieder setzen wir $dc_a/dt = dc_b/dt = 0$; $\bar{c}_a$, $\bar{c}_b$ seien die Wurzeln dieser Gleichungen. Wir führen als neue Variable ein:

$$c_a' = c_a - \bar{c}_a, \quad c_b' = c_b - \bar{c}_b,$$

und erhalten als neues Gleichungssystem:

$$\left.\begin{aligned} \frac{d c_a'}{dt} &= -(\varkappa_1 + k_1)\, c_a' + k_2\, c_b' \\ \frac{d c_b'}{dt} &= k_1\, c_a' - (\varkappa_2 + k_2)\, c_b' \end{aligned}\right\} \quad \ldots\ldots\ldots\ldots\ldots\ldots \quad (9)$$

mit der Lösung:

$$\left.\begin{aligned} c_a' &= C_{11}\, e^{-\lambda_1 t} + C_{12}\, e^{-\lambda_2 t} \\ c_b' &= C_{21}\, e^{-\lambda_1 t} + C_{22}\, e^{-\lambda_2 t} \end{aligned}\right\} \quad \ldots\ldots\ldots\ldots\ldots\ldots \quad (10)$$

Die $\lambda$ sind die Wurzeln der charakteristischen Gleichung:

$$\lambda^2 - (\varkappa_1 + k_1 + \varkappa_2 + k_2)\,\lambda + (\varkappa_1\varkappa_2 + \varkappa_2 k_1 + \varkappa_1 k_2) = 0. \quad \ldots\ldots \quad (11)$$

Die Integrationskonstanten $C$ ergeben sich aus (9) und (10):

$$\begin{aligned} \frac{d c_a'}{dt} &= [-(\varkappa_1 + k_1)\, C_{11} + k_2\, C_{21}]\, e^{-\lambda_1 t} + [-(\varkappa_1 + k_1)\, C_{12} + k_2\, C_{22}]\, e^{-\lambda_2 t} \\ &= -\lambda_1 C_{11}\, e^{-\lambda_1 t} - \lambda_2 C_{12}\, e^{-\lambda_2 t}; \quad \ldots\ldots\ldots\ldots\ldots\ldots \quad (12) \end{aligned}$$

$$k_2\, C_{21} = (\varkappa_1 + k_1 - \lambda_1)\, C_{11}, \quad k_2\, C_{22} = (\varkappa_1 + k_1 - \lambda_2)\, C_{12}, \quad \ldots\ldots \quad (13)$$

sowie, unter Einsetzung von $c_{a0}'$ und $c_{b0}'$ für $t = 0$:

$$c_{a0}' = C_{11} + C_{12}, \quad c_{b0}' = C_{21} + C_{22} \quad \ldots\ldots\ldots\ldots\ldots \quad (14)$$

Die Konzentrationen im Fließgleichgewicht, bei $d c_a/dt = d c_b/dt = 0$, sind:

$$\left.\begin{aligned} \bar{c}_a &= \frac{k_2(\varkappa_1 c_{ea} + \varkappa_2 c_{eb}) + \varkappa_1\varkappa_2 c_{ea}}{\varkappa_1\varkappa_2 + \varkappa_1 k_2 + \varkappa_2 k_1} \\ \bar{c}_b &= \frac{k_1(\varkappa_1 c_{ea} + \varkappa_2 c_{eb}) + \varkappa_1\varkappa_2 c_{eb}}{\varkappa_1\varkappa_2 + \varkappa_1 k_2 + \varkappa_2 k_1} \end{aligned}\right\} \quad \ldots\ldots\ldots\ldots\ldots \quad (15)$$

Im Fließgleichgewicht sind daher die Konzentrationen konstant, obwohl die Reaktionen fortlaufen und ständiger Ein- und Ausfluß von reagierenden Stoffen stattfindet.

Als ein Beispiel, das einige wesentliche Punkte beleuchtet, betrachten wir den folgenden einfachen Fall eines offenen Systems. Es bestehe ein Transport eines Stoffes $A$ in das System, der der Differenz $(c_{ea} - c_a)$ zwischen der Außenkonzentration $c_{ea}$ und der Innenkonzentration $c_a$ proportional ist. Dieser Stoff möge in einer monomolekularen und reversiblen Reaktion eine Verbindung $B$ von der Konzentration $c_b$

bilden. Andererseits werde der Stoff in einer irreversiblen Reaktion zu $C$ abgebaut, und $C$ werde mit einer seiner Konzentration $c_c$ proportionalen Geschwindigkeit aus dem System beseitigt. Dann erhalten wir das folgende Reaktionssystem:

$$\left.\begin{array}{l} \xrightarrow{\varkappa_1} A \underset{k_2}{\overset{k_1}{\rightleftarrows}} B \\ \quad k_3 \downarrow \\ \quad\; C \\ \quad \varkappa_2 \downarrow \end{array}\right\} \quad \cdots\cdots\cdots\cdots \quad (16)$$

und die Gleichungen

$$\left.\begin{aligned} \frac{d c_a}{d t} &= \varkappa_1 (c_{ea} - c_a) - k_1 c_a + k_2 c_b - k_3 c_a \\ &= c_a (-\varkappa_1 - k_1 - k_3) + k_2 c_b + \varkappa_1 c_{ea} \\ \frac{d c_b}{d t} &= k_1 c_a - k_2 c_b \\ \frac{d c_c}{d t} &= k_3 c_a - \varkappa_2 c_b. \end{aligned}\right\} \quad \cdots\cdots \quad (17)$$

Wenn wir diese Gleichungen für das Fließgleichgewicht lösen, indem wir ihre rechten Seiten gleich Null setzen, so ergibt sich

$$\bar{c}_a : \bar{c}_b : \bar{c}_c = 1 : \frac{k_1}{k_2} : \frac{k_3}{\varkappa_2} \cdots\cdots\cdots\cdots \quad (18)$$

Alsbald entdecken wir einige interessante Folgerungen. Erstens: die stoffliche Zusammensetzung des Systems im Fließgleichgewicht bleibt konstant, obgleich das Mengenverhältnis seiner Bestandteile nicht auf einem Gleichgewicht chemischer Reaktionen beruht; vielmehr dauern die Reaktionen an und sind teilweise irreversibel. Zweitens: das Mengenverhältnis der Komponenten im Fließgleichgewicht hängt nur von den Systemkonstanten ab, jedoch nicht von den durch die Konzentration $c_{ea}$ dargestellten Außenbedingungen. Drittens ergibt sich $\bar{c}_a = \varkappa_1 c_{ea}/(\varkappa_1 + k_3)$. Wir wollen annehmen, daß eine äußere Störung, also biologisch gesprochen ein *Reiz*, die Abbaugeschwindigkeit erhöht, so daß die Geschwindigkeitskonstante $k_3$ zunimmt. Dann muß $c_a$ abnehmen. Da jedoch der Zustrom der Konzentrationsdifferenz $(c_{ea} - c_a)$ proportional ist, so muß er zunehmen. Das System entwickelt also Kräfte, die gegen eine Störung seines stationären Zustandes gerichtet sind. Wenn nach Abklingen des Reizes die Abbaukonstante $k_3$ wieder ihren alten Wert annimmt, so kehrt auch das System als Ganzes in sein ursprüngliches Fließgleichgewicht zurück. Wenn dagegen der Reiz andauert, so wird sich ein neues Fließgleichgewicht ausbilden, in welchem das System den vermehrten Abbau durch vermehrte Stoffeinfuhr zu kompensieren strebt. In biologischer Ausdrucksweise können wir sagen, daß das System „*Anpassung*" zeigt. Physikalisch-chemisch zeigen offene Systeme ein Verhalten, das dem Prinzip von *Le Chatelier* entspricht.

Diese Merkmale des Fließgleichgewichts sind aber genau diejenigen des organischen Stoffwechsels. Erstens besteht in beiden Fällen ein konstantes Mengenverhältnis der Komponenten, obgleich es nicht auf einem Gleichgewicht beruht, sondern in einem Zustand „dynamischen Gleichgewichts" aufrechterhalten wird. Zweitens ist die stoffliche Zusammensetzung unabhängig von Veränderungen in der Umgebung und wird ihnen zum Trotz aufrechterhalten. Drittens: nach einer Störung, einem Reiz, stellt das System seinen stationären Zustand wieder her. Demnach sind die Grundmerkmale der Selbstregulation des Stoffwechsels allgemeine Eigenschaften offener Systeme.

## 6. Einige weitere Folgerungen

*a) Overshoot und falscher Start.* Eine in offenen, aber nicht in geschlossenen Systemen mögliche Erscheinung ist der *overshoot* (über-das-Ziel-Schießen, die Überschreitung des Niveaus des stationären Zustandes, ohne in ihm zu verharren) und sein Gegenstück, der *falsche Start*. In der gewöhnlichen Kinetik abgeschlossener Systeme sind Erscheinungen dieser Art unbekannt, da nur eine asymptotische Annäherung an den Gleichgewichtszustand möglich ist. Dagegen begegnet man einem Überschießen des Zieles bei vielen physiologischen Erscheinungen, so als die Serie der negativen und positiven Nachpotentiale bei der Nervenerregung, bei der Adaption in Sinnesorganen, wenn die anfängliche Reaktion auf eine veränderte Reizintensität stärker ist als im nachher erreichten stationären Zustande, bei der übernormalen Atmung bei Eintritt einer „Sauerstoffschuld" usw. (vgl. auch *Druckrey* u. *Küpfmüller*, 1949; *Heinz*, 1949). Eine Analyse der Bedingungen beim overshoot (und beim falschen Start) stammt von *Burton* (1939) und *Denbigh* u. a. (1948). Im allgemeinen können nach Gl. (7), in der die $\lambda$ für chemische Reaktionen und Diffusionsprozesse reell und positiv sind, Oszillationen mit Durchgängen durch Maxima und Minima (in denen die Flußsumme für einen der Reaktionspartner momentan gleich Null ist) eintreten, wenn bei Ordnung der Glieder nach wachsendem Betrage von $\lambda$ die entsprechenden Konstanten $C_{i1}, C_{i2}, \ldots$ wechselnde Vorzeichen haben (Abb. 1 u. 2). Im allgemeinen Fall von $n$ Reaktionspartnern kann eine Konzentration durch $n - 1$ Maxima und Minima gehen, ehe das Fließgleichgewicht erreicht wird.

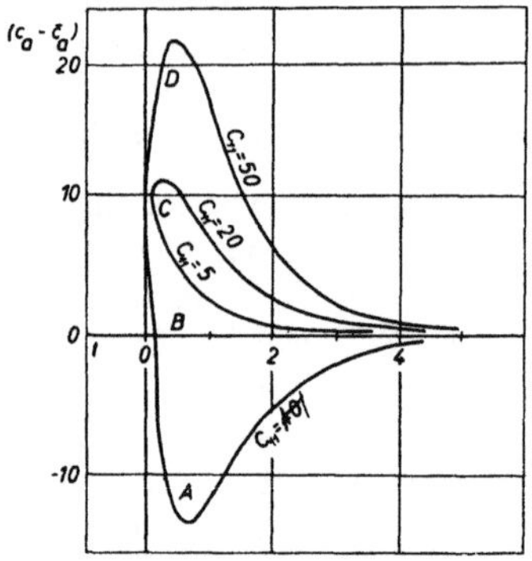


Abb. 1. Overshoot (*A*) und falscher Start (*C*, *D*) in offenen Reaktionssystemen. Die Kurven sind für das einfachste offene System (Gl. 5) unter Annahme willkürlicher Konstantenwerte gezeichnet und geben die Konzentrationsdifferenz $(c_a - \bar{c}_a)$ oder $(c_b - \bar{c}_b)$ an. Unter den im Text angegebenen Bedingungen zeigt eine der beiden Konzentrationen overshoot oder falschen Start, während die andere einfache asymptotische Annäherung an die Endkonzentration (Typ der Kurve *B*) aufweist. Angenommene Werte für die Kurven: $\lambda_1 = 1$, $\lambda_2 = 3$, $C_{11}$ wie angegeben, $C_{12} = 10 - C_{11}$; es ist ferner angenommen, daß die schließlich erreichte Fließgleichgewichtskonzentration $(\bar{c})$ niedriger ist als die Anfangskonzentration $(c_0)$; im entgegengesetzten Fall sind die Kurven um die $t$-Achse umzuklappen. Nach *Denbigh* u. a. (1948)

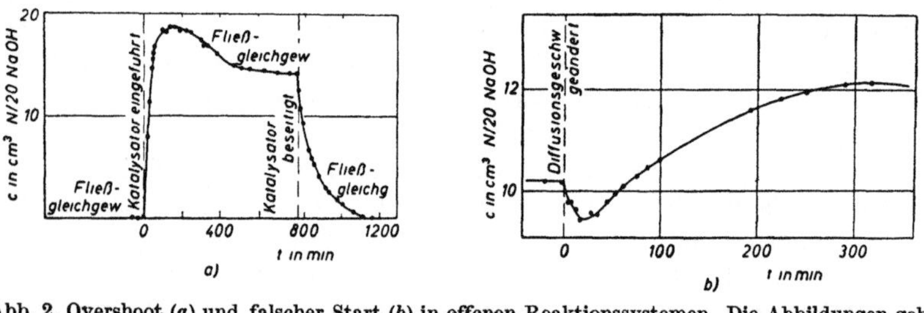


Abb. 2. Overshoot (*a*) und falscher Start (*b*) in offenen Reaktionssystemen. Die Abbildungen geben die experimentellen Konzentrationen in einem kontinuierlichen Reaktionssystem: $K_2S_2O_8 + H_2O \rightarrow K_2SO_4 + H_2SO_4 + O$, mit Glucose als Sauerstoffakzeptor und Silberionen als Katalysator wieder. Der Zufluß bestand in Zuckerlösung (aus einer Mariotteflasche durch ein Glasfilter) und Persulfatlösung (aus einer Mariotteflasche), der Abfluß (durch die Wand des porösen Reaktionsgefäßes in Wasser als Außenlösung) wurde titrimetrisch als Schwefelsäure gemessen. Abb. *a* zeigt, daß das Fließgleichgewicht ohne Katalysator nahezu einer Nullreaktion entspricht. Nach Einführung von $Ag_2SO_4$ als Katalysator stellt sich ein neues Fließgleichgewicht ein, entsprechend dem im Text Gesagten, daß Anwesenheit eines Katalysators die Lage der Fließgleichgewichtskonzentration verändern kann. Die Einstellung dieses neuen Fließgleichgewichts erfolgt unter overshoot. Nach Beseitigung des Katalysators wird das ursprüngliche Fließgleichgewicht (Nullreaktion) wieder hergestellt. Bei den in Abb. *b* wiedergegebenen Versuchen wurde falscher Start durch eine Änderung der Diffusionsgeschwindigkeiten (entsprechend $\varkappa_1$ und $\varkappa_2$ des allgemeinen Gleichungssystems) bei konstant gehaltener Reaktionsgeschwindigkeit (Vorhandensein des Katalysators) erreicht. Bei Beginn des Versuchs war das Glasfilter mit einer Tonerdeschicht bedeckt, die dann entfernt wurde; ebenso wurde die Höhe der Wassersäule in der Außenlösung vergrößert. Nach *Denbigh* u. a. (1948).

*b) Katalytische Wirkungen in offenen Systemen.* Weitere Folgerungen beziehen sich auf die Wirkung von *Katalysatoren.* Ein echter Katalysator beeinflußt definitionsgemäß das schließlich erreichte Gleichgewicht nicht, sondern beschleunigt nur seine Einstellung. In der Gleichung für den stationären Zustand offener Systeme tritt aber nicht nur die Konstante $K$ des chemischen Gleichgewichts, sondern es treten auch die Reaktionskonstanten $k$ auf, so daß die Hinzufügung eines Katalysators die Fließgleichgewichtswerte der Reaktionspartner und die Geschwindigkeit ihres Flusses im stationären Zustande verändern kann (*Burton,* 1939). Es ergeben sich auch interessante Folgerungen bezüglich der *Autokatalyse.* Hier erscheinen natürlich Glieder 2. Ordnung in dem System der Differentialgleichungen. Das führt zur Möglichkeit erstens von Oszillationen, zweitens von mehreren stationären Zuständen. Im letzteren Fall sind mehrere Reaktionswege möglich, je nach Anwesenheit oder Abwesenheit von autokatalytisch wirksamen Stoffen (*Denbigh* u. a., 1948). Das erinnert an *Mittaschs* (1935) Kritik an *Ostwalds* klassischer Definition der Katalyse: Ein Katalysator beschleunigt nicht nur die Reaktion, sondern kann sie auch in eine bestimmte Richtung lenken. So führt im System CO und $H_2$ ein Nickelkatalysator zur Bildung allein von Methan, ein Zinkoxyd-Chromoxyd-Katalysator zur Bildung von praktisch reinem Methylalkohol usw. Die Vielfalt der möglichen Wege, auf denen eine Reaktion stattfinden kann, ist offensichtlich eine wesentliche Vorbedingung für die Funktion eines lebenden Systems.

*c) Bioelektrische Potentiale.* Es ist möglich, daß auch die Theorie der bioelektrischen Potentiale mit den Begriffen offener Systeme und Fließgleichgewichte neu durchdacht werden muß. Es scheint Übereinstimmung darüber zu bestehen, daß „das Prinzip der *Donnan*-Membran für die lebende Zelle — außer in Sonderfällen — nicht zutrifft“ (*Crane,* 1951). *Netter* (1951) hat betont, daß sogar der klassische Fall, der Ionenaustausch in den roten Blutkörperchen, nicht einfach als ein *Donnan*-Gleichgewicht angesehen werden kann. Die Anionenverteilung gemäß

$$\frac{[HCO_{3i}^-]}{[HCO_{3e}^-]} = \frac{[Cl_i^-]}{[Cl_e^-]} = \frac{[OH_i^-]}{[OH_e^-]} = r$$

(*van Slyke*) entspricht derjenigen an einer Membran, welche selektiv permeabel für Anionen, aber impermeabel für Kationen ist. Sie entspricht aber nicht der klassischen *Donnan*-Verteilung mit einem kolloidalen Elektrolyten innerhalb und einem diffusionsfähigen Elektrolyten außerhalb der Membran. Denn im Falle klassischer *Donnan*-Verteilung besteht kein osmotisches Gleichgewicht, und das Kolloid zieht Wasser bis zu unendlicher Verdünnung an. Daher müßte die Zelle hier aus osmotischen Gründen platzen, wie man leicht an Erythrozyten nachweisen kann, nachdem sie permeabel für Kationen geworden sind (kolloid-osmotische Hämolyse, *Wilbrandt*). Jedoch ist sogar im normalen Erythrozyten die Impermeabilität für $Na^+$ keine absolute; nur erfolgt der Austausch der Kationen viel langsamer als der der Anionen (in der Größenordnung von Stunden gegen Bruchteile einer Zehntelsekunde). Wenn daher die Zelle trotz ihrer Permeabilität für Kationen und trotz des Fehlens einer absoluten Schranke stabil und ihr Mineralgehalt konstant und von der Gleichgewichtsverteilung verschieden ist, so kann die Ionenverteilung (und die Struktur der Membran) nur unter Arbeitsaufwand erhalten bleiben. Daß Stoffwechselvorgänge Konzentrationsdifferenzen erzeugen und aufrechterhalten können, kann man an Erythrozyten zeigen, deren Membran durch Resorcin geschädigt ist und die auf Zimmertemperatur gehalten werden. Dann tritt aus Ringer-Lösung $Na^+$ ein, unter Austritt einer äquivalenten Menge $K^+$. Bringt man die Zelle zurück in eine resorcinfreie Lösung von Körpertemperatur, so verschwindet das $Na^+$, und es wird wieder $K^+$ aufgenommen (*Küsel* und *Netter*). Beide Ionensorten werden gegen einen steilen Konzentrationsgradienten transportiert, und zwar ist dieser Transport nur möglich in Gegenwart von Glukose oder Milchsäure und Phosphat als energieliefernden Stoffen. Wenn aber schon in einer Zelle mit anerkannt geringem Stoffwechsel, wie dem Erythrozyten, ein Teil des Stoffwechsels zur Aufrechterhaltung der Ionenverteilung dient, so wird das gewiß um so mehr für andere Zellen gelten, deren Membran als viel instabiler bekannt ist.

Es ist offensichtlich, daß Differenzen in der Ionenkonzentration und damit verknüpfte Potentiale, die nicht den gewöhnlichen Diffusions-, Phasengrenz- und *Donnan*-Potentialen in geschlossenen Systemen entsprechen, an den Begrenzungen offener Systeme auftreten müssen. Sie bleiben erhalten, solange ein Zu- und Abfluß von Stoffen besteht, und so die Außenkonzentrationen von den Innenkonzentrationen des Fließgleichgewichts verschieden sind. Man wird die Konzentrationsdifferenzen und Potentiale im Fließgleichgewicht untersuchen müssen als eine mögliche Grundlage für die Aufrechterhaltung von Ionenverteilungen und bioelektrischen Strömen, die an den „lebenden" Zustand gebunden sind und nach dem Tode verschwinden. *Lund* und *Marsh* (1928) haben die Grundzüge einer auf das Fließgleichgewicht aufgebauten Theorie der bioelektrischen Ströme entwickelt. Sie nehmen an, daß diese das Ergebnis von Unterschieden der Oxydations-Reduktions-Potentiale in den Zellen oder den Geweben sind, die aus Atmungsprozessen herrühren und die bestimmt sind durch das Verhältnis der Konzentration des oxydierenden zum reduzierenden Stoff, welch letzteres aber nicht in einem

Gleichgewichtszustand, sondern einem Fließgleichgewicht erhalten wird. Doch scheint es, als habe man diese Vorstellung nicht weiter verfolgt.

*d) Kinetik von Isotopenversuchen.* Besondere Probleme bietet die Anwendung der Kinetik offener Systeme auf *Isotopenversuche.* Die Besonderheit liegt hier darin, daß das System sich zwar in Hinblick auf den Gesamtstrom des Materials, das den Organismus durchzieht, im Fließgleichgewicht befindet, nicht jedoch in Hinblick auf das durch (radioaktive oder stabile) Isotope markierte Material, welch letzteres aufgenommen und wieder ausgeschieden wird. Die Kinetik für eine Reihe von diesbezüglichen Fällen und entsprechende Experimentalergebnisse wurde von *Salomon* (1953) angegeben.

*e) Die organischen Grundphänomene als Konsequenzen des Fließgleichgewichts des Organismus.* In einer allgemeinen Form können die grundlegenden Lebenserscheinungen als Konsequenzen der Tatsache betrachtet werden, daß der Organismus ein quasistationäres offenes System ist. *Stoffwechsel* ist wesentlich die Erhaltung des organischen Systems in einem Zustand des Fließgleichgewichts. Diesem sind kleinere Prozeßwellen überlagert, die im wesentlichen von zweierlei Natur sind Erstens zeigt der Organismus die Eigenschaft, auf vorübergehende Änderungen der Umgebung, auf „Reize", mit reversiblen Änderungen zu reagieren, nach denen er wieder in sein Fließgleichgewicht, den ruhigen Verlauf des stationären Zustandes, zurückkehrt. Dies sind die durch Änderungen der äußeren Bedingungen ausgelösten, also heteronomen Vorgänge, die wir als *Reizerscheinungen* bezeichnen. Zweitens sind dem stationären Strom periodische Vorgänge überlagert, die ihre Ursachen im System selbst haben, also *autonome Prozesse* darstellen, wie die rhythmisch-automatischen Bewegungen der Atem-, Kreislauf-, Verdauungsorgane, die automatisch-rhythmische Tätigkeit der Nervenzentren und des Gehirns usw. Diese Vorgänge können nach dem Modell des Relaxationsoszillators oder der Kippschwingungen aufgefaßt werden (*Bethe*, 1940—1943): Es erfolgen Aufladungsvorgänge, die nach Erreichung einer bestimmten Höhe zu plötzlicher Entladung führen, worauf neue Aufladung, neue Entladung usw. erfolgt. Schließlich gilt die Bezeichnung des Systemzustandes des Organismus als „stationär" nur in erster Näherung, insofern wir kürzere Perioden des Lebens eines „erwachsenen" Organismus ins Auge fassen. Betrachten wir hingegen den Lebensablauf als Ganzes, so ist er nur als quasistationär zu bezeichnen, d. h. er unterliegt Änderungen, die aber so langsam verlaufen, daß wir für bestimmte Forschungszwecke von ihnen absehen können. Dies sind die Vorgänge der *Entwicklung*, des *Wachstums*, des *Alterns* und schließlichen *Todes*, welche eine Annäherung an das Fließgleichgewicht und langsame Veränderungen in demselben kennzeichnen. Die Vorgänge des Wachstums können als allmähliche Einstellung eines Fließgleichgewichts zwischen den Vorgängen des Auf- und Abbaues der Baustoffe des Körpers betrachtet werden. Andererseits ist der höhere vielzellige Organismus kein ideales offenes System, und daher gelingt es ihm nicht, dauernd auf einem stationären Entropieniveau zu bleiben. Altern und Tod scheinen allerdings keine unbedingte Notwendigkeit im Lebensablauf des Organismus zu sein. Primitive Organismen (Einzeller, Cölenteraten) können bei optimalen Bedingungen theoretisch unbegrenzt im stationären Zustand oder in fortgesetzter regenerativer Vermehrung erhalten werden. Der Tod des Vielzellers resultiert wohl aus der unvollständigen Beseitigung von Stoffwechselschlacken, beim höheren Tier insbesondere in den zentralen Organen (Alterspigmente im Zentralnervensystem, im Herzen usw.).

Die Betrachtung physiologischer Erscheinungen unter dem gedanklichen Modell der Theorie offener Systeme erweist sich als fruchtbar für mannigfache Einzelphänomene.

*f) Erregung.* Wir haben bereits gesagt, daß man einen „Reiz" als eine Änderung der Geschwindigkeitskonstanten des erregbaren Systems betrachten kann. Diese Vorstellung geht auf *Hering* zurück, der Erregung als eine reversible Störung des stetigen Stromes organischer Prozesse auffaßte: Im Ruhezustand halten Assimilation und Dissimilation sich die Waage; ein Reiz führt zu vermehrter Dissimilation organischer Substanz, der vermehrte Assimilation folgt, bis wieder ein stationärer Zustand erreicht ist. Diese Theorie wurde von *Pütter* (1918/20) mathematisch entwickelt und durch die umfangreichen Arbeiten von *Hecht* (1931) über Photorezeptoren konkretisiert, in denen das ganze Gebiet der quantitativen Beziehungen in der Sinnesphysiologie (Reizschwelle, Hell- und Dunkeladaption, Intensitätsunterscheidung, das *Weber-Fechner*sche Gesetz und seine Grenzen usw.) aus der Wechselwirkung von Prozessen abgeleitet wird, die in der Bildung und Beseitigung von Erregungsstoffen bestehen. *Burton* (1939) hat gezeigt, daß im einfachsten offenen System (4) Änderungen in den Konstanten $k$ die Fließgleichgewichtskonzentration $\bar{c}$ derart beeinflussen, daß die Beziehung zwischen $\log k_1$ ($k_1$ = „Reiz") und $\bar{c}_2$ („Antwort") und entsprechend zwischen $\log k_2$ und $\bar{c}_1$ durch eine S-förmige Kurve dargestellt wird, deren mittlerer Teil angenähert linear ansteigt — entsprechend der logarithmischen Beziehung zwischen Reiz und Antwort gemäß dem *Weber-Fechner*schen Gesetz und dessen Gültigkeitsgrenzen. *Hecht*s System kann mit dem Modell des Fließgleichgewichts formal identisch gemacht werden.

Wesentlich das gleiche Schema antagonistischer Prozesse von auf- und abbauendem Charakter liegt den Theorien der Nervenerregung von

*Hill* (1936) und *Rashevsky* (1948) zugrunde. *van der Werff* (1948) hat neuerdings eine verallgemeinerte Behandlung gegeben, die ausdrücklich auf dem Antagonismus zwischen Assimilation und Dissimilation im Nerv als einem offenen System mit ständigem Auf- und Abbau seiner chemischen Bestandteile beruht. Wiederum zeigt schon das einfachste offene System Merkmale, die denen entsprechen, die man in der Physiologie der Erregung so gut kennt (*Burton*, 1939). Overshoot-Phänomene können bei vorübergehender Änderung der Reaktionskonstanten auftreten. Wenn die Zeit, während derer $k$ vergrößert ist, zur Ausbildung eines neuen stationären Zustandes nicht genügt, so erhält man charakteristische Erholungskurven mit overshoot, die den Nachpotentialkurven von Nerven ähneln (Abb. 3). In ähnlicher Weise ahmen die Veränderungen der Kurven bei Veränderung der Diffusionskonstanten ($\varkappa$) die Nachpotentiale von Nerven bei verändertem $Ca^+$-, $K^+$- und $Na^+$-Spiegel (welche die Permeabilitätsverhältnisse des Nerven verändern) nach. Derartige Entsprechungen legen nahe, daß die Nachpotentialkurven des Nervs als Erholungskurven nach einer kurzen Störung des Fließgleichgewichts betrachtet werden können. Wie *Burton* bemerkt, entsprechen die Differentialgleichungen des Erregungssystems von *Hill* (die ihrerseits mit denen von *Rashevsky* formal identisch sind) denen eines einfachsten offenen Systems.

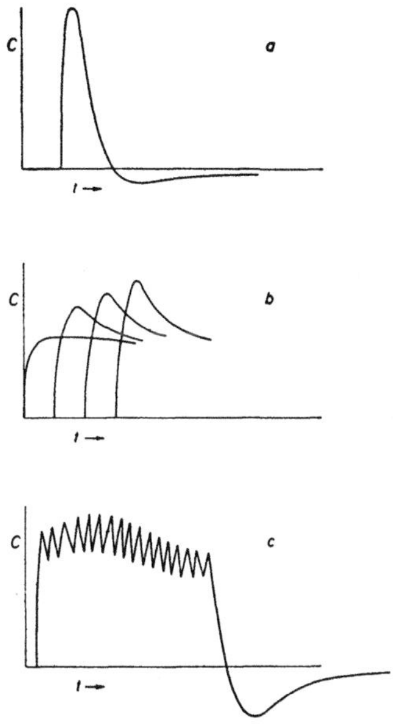


Abb. 3. Overshoot-Phänomene bei vorübergehenden Störungen des Fließgleichgewichts im offenen System. Die Höhe der Kurven ist für das einfachste offene System, die Rückreaktion (Konstante $k_2$ im System 4) gleich Null gesetzt. Das Fließgleichgewicht ist bezeichnet durch die Abszissen. Kurve *a* resultiert bei vorübergehender Erhöhung der Zerfallskonstante $k_1$ im erwähnten System. Physiologisch gesprochen bedeutet dies, daß ein „Reiz" zu vorübergehender Erhöhung der „Dissimilation" führt, und die Kurve ist ähnlich der der Nachpotentiale bei Nervenerregung. Die Kurven *b* und *c* zeigen die Wirkung von Reizserien, die vor Wiederherstellung des Fließgleichgewichts aufeinanderfolgen. Sie sind vergleichbar der Summationswirkung, dem Treppenphänomen und grob- und feinzackigem Tetanus bei Muskelreizung. Etwas modifiziert nach *Burton* (1939)

*g) Wachstum.* Der Organismus als Ganzes kann modellmäßig als ein offenes System angesehen werden, das sich im allgemeinen einem Zustand des Fließgleichgewichts annähert. Wie wir gezeigt haben, sind viele allgemeine Merkmale lebender Systeme — scheinbar im Widerspruch mit der konventionellen physikalischen Theorie geschlossener Systeme — allgemeine Eigenschaften offener Systeme und daher auf dieses Kennzeichen des Organismus zurückzuführen. Offenbar können aber Vorgänge in einem organischen System als Ganzem wegen deren ungeheurer Kompliziertheit mit chemischen Begriffen nicht ebenso beschrieben werden wie in der gewöhnlichen Kinetik. Indessen kann man kinetische Überlegungen allgemeinerer Art anwenden, indem man als Variable und Parameter Größen benutzt, welche Resultanten sehr zahlreicher und teilweise unbekannter Prozesse sind. Ein solches Vorgehen ist keineswegs ungewöhnlich. Die Bruttoformeln, wie sie die Chemie etwa für die Atmung, die Gärung oder die Photosynthese benutzt, aber auch bei anscheinend viel einfacheren anorganischen Reaktionen, wie z. B. der Bildung von Halogenwasserstoffen (*Skrabal*, 1949, 1951 a), beschreiben tatsächlich eine Bilanz von Kettenreaktionen oder von Systemen aus vielen Partialreaktionen, die man kennt oder auch nicht kennt. Andererseits ist es in der Physiologie allgemein üblich, Bilanzmaße für die ungeheuer komplexen Prozesse des intermediären Stoffwechsels zu benutzen, wie z. B. Sauerstoffverbrauch, Kohlensäure- oder Kalorienproduktion. Es scheint daher kein stichhaltiger Einwand dagegen zu bestehen, passend gewählte physiologische Bilanzmaße in einer verallgemeinerten Kinetik anzuwenden. Ein Beispiel für ein solches Vorgehen ist die Theorie des organischen Wachstums (*Bertalanffy*, seit 1934; 1949 b, 1951 a).

Wachstum kann betrachtet werden als das Ergebnis eines Gegeneinanderwirkens aufbauender und abbauender Prozesse, welche beide als von der Körpergröße exponentiell abhängig betrachtet werden können, wie dies wahrscheinlich für alle bisher untersuchten physiologischen Prozesse gilt (*Adolph*, 1949). Ist $y$ das Körpergewicht, so drückt sich das aus in der allgemeinen Gleichung

$$\frac{dy}{dt} = \eta y^m - \varkappa y^n \qquad (19)$$

Die Änderung $dy/dt$ des Körpergewichts ist gegeben durch die Differenz zwischen dem Auf- und Abbau von Baustoffen. Diese Prozesse sind proportional irgendwelchen Potenzen des Körpergewichts mit den Exponenten $m$ bzw. $n$. $\eta$ und $\varkappa$ sind Konstanten des Auf- und des Abbaus. Wachstum besteht, solange der Aufbau den Abbau überwiegt. Der Organismus wird stationär, sofern und sobald die beiden Prozesse einander kompensieren. In erster Näherung kann man annehmen, daß der Abbau dem Körpergewicht proportional, also $n = 1$ ist. Eine mathematische Analyse (*Bertalanffy*, 1941 b) zeigt, daß kleinere Abweichungen des Exponenten $n$ von 1 die zu ziehenden Schlüsse nicht wesentlich ändern. Bezüglich des Aufbaus kann man verschiedene Fälle unterscheiden, die in der Tabelle III (S. 28/29) zusammengestellt sind.

Aus der angegebenen Grundgleichung können Formeln abgeleitet werden, welche die empirischen Wachstumskurven quantitativ wiedergeben und zahlreiche Wachstumsphänomene erklären. In einfach liegenden und gut analysierten Fällen sind diese Wachstumsgesetze mit physikalischer Genauigkeit realisiert.

Die interessanteste Folgerung ist die Beziehung zwischen „Stoffwechseltypen“ und „Wachstumstypen“. Es scheint, daß eine Korrelation zwischen der Beziehung von Stoffwechsel (Atmung) und Körpergröße einerseits und dem Wachstumsverlauf andererseits besteht. Wenn wir daher für $m$ den Wert einsetzen, den man für die Abhängigkeit des Ruhestoffwechsels von der Körpergröße gefunden hat, so ergeben sich automatisch die Wachstumsgesetze der betreffenden Tiergruppen.

1. Setzen wir in Gl. (19) $dy/dt = 0$, so ergibt sich für den stationären Zustand des Systems allgemein $\overline{y} = (\eta/\varkappa)^{1/(n-m)}$. Es folgt also bereits aus dem Ansatz Gl. (19), daß das Endgewicht des Systems von seinem Anfangsgewicht unabhängig und nur von den Systemparametern und den Exponenten $m$ und $n$ abhängig ist. Bei manchen Gruppen der Wirbellosen und bei den Wirbeltieren ist der Stoffwechsel proportional der Oberfläche, also der 2/3-ten Potenz des Gewichts (Oberflächengesetz). Demnach ist zu setzen $m = 2/3$, $n = 1$. Führen wir als neue Variable $x = y^{1/3}$ ein, was als ein Maß für die Körperlänge betrachtet werden kann, so lautet die Lösung der Gl. (19)

$$x = \frac{1}{\varkappa}\left[\eta - (\eta - \varkappa x_0)\, e^{-\varkappa t/3}\right] \qquad \text{20)}$$

mit $x = x_0$ für $t = 0$. Für $t = \infty$ ergibt sich $\overline{x} = \eta/\varkappa$, $\overline{y} = (\eta/\varkappa)^3$, unabhängig vom Anfangsgewicht, wie es bei den genannten Tiergruppen auch zutrifft.

2. Die einzige Ausnahme bildet der Fall $m = n$, insbesondere $m = n = 1$, der bei manchen Tiergruppen, z. B. bei den Insekten, vorliegt. In diesem Sonderfall lautet die Lösung der Gl. (19)

$$y = y_0 e^{(\eta - \varkappa)t}, \qquad (21)$$

mit $y = y_0$ für $t = 0$. Die Wachstumskurve steigt also exponentiell an, die Wachstumsgeschwindigkeiten ($dy/dt$, $dx/dt$) nehmen nicht ab, sondern mit steigender Körpergröße zu, und das Wachstum nähert sich nicht einem Fließgleichgewicht, sondern wird durch „Krisen“ wie Metamorphose (Insekten) oder jahreszeitliche Zyklen (Schnecken) abgebrochen. Das ist in der Tat der Wachstumstypus, der bei den entsprechenden Tiergruppen gefunden wird.

Tabelle III. **Stoffwechseltypen un**

A. Die Aufbauprozesse sind abhängig von der Resorption bzw. den resorbierenden Flächen

a) Mikroorganismen:

1. Fall proportionalen Wachstums: Linear- und Volumenwachstumskurve: Kugelbakterien, Hefe.

| Stoffwechseltypus | Wachstumstypus |
|---|---|
| I. Die Atmung ist von der Oberfläche abhängig | a) Linearwachstum: Die Wachstumskurve geht *ohne Wendepunkt* unter stetiger Abflachung gegen einen Endwert (Fließgleichgewicht)<br>b) Gewichtswachstum: Die Wachstumskurve ist *S-förmig mit Wendepunkt* bei etwa $^1/_3$ des Endgewichtes und geht gegen einen Endwert (Fließgleichgewicht) |
| II. Die Atmung ist von der Masse abhängig | Die Linear- und Gewichtswachstumskurve ist *exponentiell*. Das Wachstum geht nicht einem stationären Zustand zu, sondern ist an sich unbegrenzt und erscheint durch Metamorphose, jährliche Zyklen und dgl. abgebrochen |
| III. Die Atmung steht zwischen Oberflächen- und Massenabhängigkeit | a) Linearwachstum: Die Wachstumskurve *mit Wendepunkt* geht gegen einen Endwert<br>b) Gewichtswachstum: Die Wachstumskurve ist *S-förmig* und ähnlich der unter I b |

**Wachstumstypen.** Nach *L. v. Bertalanffy*

2. Fall ausschließlichen Längenwachstums: Linear- und Volumenwachstumskurve exponentiell: Stäbchenbakterien.

b) Wahrscheinlich Turbellarien.

B. Die Aufbauprozesse sind abhängig von der Atmung.

| Wachstumsgleichungen | Typische Wachstumskurven | Beispiele |
|---|---|---|
| $dy/dt = \eta y^{2/3} - \varkappa y$<br>a) $x = \bar{x} - (\bar{x} - x_0)\, e^{-\varkappa t/3}$<br>b) $y = [\sqrt[3]{\bar{y}} - (\sqrt[3]{\bar{y}} - \sqrt[3]{y_0})\, e^{-\varkappa t/3}]^3$ | 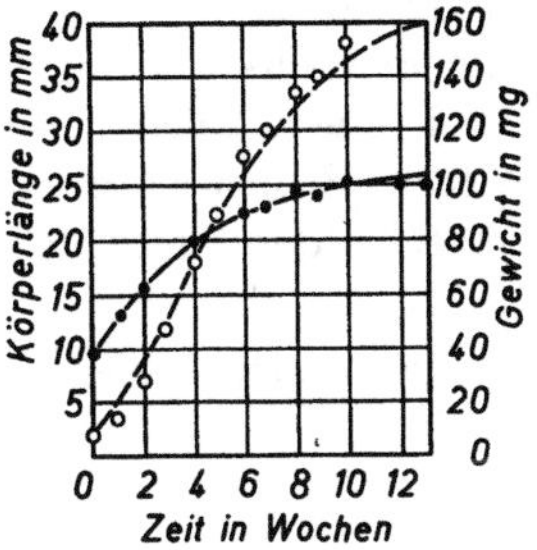<br><br>*Lebistes reticulatus* (Fisch)<br>——— Länge, -·---- Gewicht | Muscheln<br>Fische<br>Säugetiere |
| $dy/dt = \eta y - \varkappa y = c y$<br>a) $x = x_0\, e^{ct/3}$<br>b) $y = y_0\, e^{ct}$ | 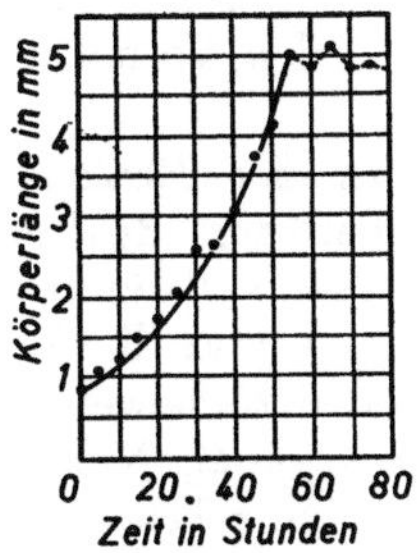<br><br>*Drosophila*-Larven | Insektenlarven<br>Orthopteren<br>Heliciden |
| $dy/dt = \eta y^m - \varkappa y$<br>$dx/dt = \frac{\eta}{3} x^{3m-2} - \frac{\varkappa}{3} x$<br><br>Zeichenerklärung s. S. 27 | 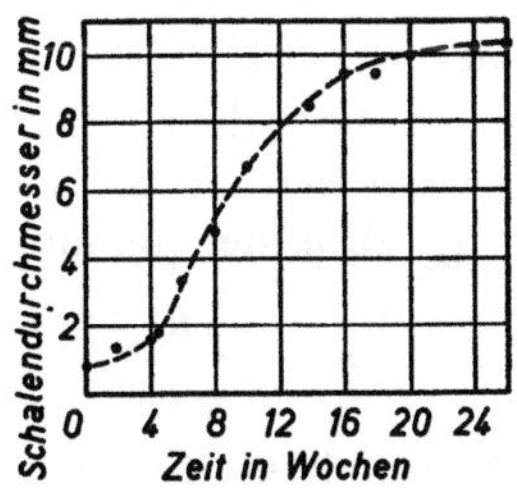<br><br>*Planorbis* (Posthornschnecke) | Planorbiden |

3. Setzt man in der Gl. (19) $n = 1$ und wieder $y = x^3$, so ergibt sich

$$\frac{dx}{dt} = \frac{\eta}{3} x^{3m-2} - \frac{\varkappa}{3} x \text{ und } \frac{d^2 x}{dt^2} = (3m-2) \frac{\eta}{3} x^{3m-3} - \frac{\varkappa}{3}. \quad (22\text{a, b})$$

Das von $x$ abhängige Glied der rechten Seite der Gl. (22b) verschwindet nur dann, wenn $3m - 2 = 0$, also $m = 2/3$ ist. Nur dann ist die 2. Ableitung von $x$ unabhängig. D. h. bei Oberflächenproportionalität des Stoffwechsels hat die Linearwachstumskurve keinen Wendepunkt, während sie bei $2/3 < m < 1$ einen solchen aufweist. Dies unterscheidet den „ersten" und „dritten Stoffwechsel- und Wachstumstypus" und und trifft für die entsprechenden Tiergruppen zu, wie aus Tabelle III ersichtlich.

Andere Folgerungen und weitere Bestätigungen der Theorie findet man in den Originalarbeiten.

## 7. Der Energiebedarf für die Aufrechterhaltung des Fließgleichgewichts des Organismus

Man kann ohne weiteres einsehen, daß ein einfaches offenes System nach Art des Modells (16) den Verhältnissen im lebenden Organismus nicht entspricht.

Das Gleichgewicht bei der Reaktion: Aminosäuren $\rightleftarrows$ Proteine $+ H_2O$ (und ähnlich bei der Reaktion: Monosaccharide $\rightleftarrows$ Polysaccharide $+ H_2O$) liegt fast vollständig auf der linken Seite, wie die Leichtigkeit einer Hydrolyse und die Schwierigkeit, ja Unmöglichkeit einer Dehydrosynthese in vitro beweisen. Mit anderen Worten: $k_1$ in Gl. (17) ist überaus klein gegen $k_2$. Nur wenn das Wasser fast völlig beseitigt würde, könnte sich eine bescheidene Polymerisation vollziehen — eine Voraussetzung, der die Bedingungen im lebenden Organismus nicht entsprechen, wo unter Anwesenheit eines Überschusses an Wasser makromolekulare Stoffe von hohem Polymerisationsgrad (hohe Vielfache von 1000) gebildet werden.

Nach *Schulz* (1950) ist die Zahl $n_p^*$ der Mole einer polymeren Substanz vom Polymerisationsgrad $P$ nach Erreichung des „Kondensationsgleichgewichts" (je Mol der monomeren Substanz) durch die Gleichung

$$n_p^* = \left(\frac{K}{n_w}\right)^{P-1} \quad (23)$$

gegeben. $K$ ist die Gleichgewichtskonstante, $n_w$ die Zahl der Mole Wasser je Mol mono- und polymerer Substanz. $K$ kann aus den Gleichungen $\Delta F = -RT \ln K$ und $\Delta F = \Delta H - T\Delta S$ berechnet werden. Wenn man die Werte für die Bildung von Leucylglycin aus Leucin und Glycin nach *Borsook* und *Hufmann* zugrunde legt:

$$\Delta F = -7520 \text{ cal/mol}, \quad \Delta H = -5400 \text{ cal/mol}, \quad T\Delta S = -2120 \text{ cal/mol},$$

so ergibt sich $K = 3{,}15 \cdot 10^{-6}$. Nehmen wir 1 Mol Aminosäure je Liter Wasser an, so ist $n_w = 1000/18 \approx 50$. Unter diesen Voraussetzungen ist $K/n_w$ von der Größenordnung $10^{-7}$, womit sich, gemäß Gl. (23), die in der Tabelle IV angegebenen Gleichgewichtskonzentrationen von Polypeptiden ergeben.

Tabelle IV.
**Gleichgewichtskonzentration von Polypeptiden.** Nach *Schulz* (1950)

| Polymerisationsgrad $P$ | $n_p^*$ Mol Polymeres je Liter | Polymerisationsgrad $P$ | $n_p^*$ Mol Polymeres je Liter |
|---|---|---|---|
| 2 | $10^{-7}$ | 100 | $10^{-693}$ |
| 10 | $10^{-63}$ | 1000 | $10^{-6993}$ |

peptiden ergeben. Daraus folgt, daß das Dimer nur in vernachlässigbaren Mengen auftritt und daß Hochpolymere im Gleichgewichtszustande so gut wie gar nicht existieren. Das bedeutet, daß unter biologischen Bedingungen reversible Reaktionen als möglicher Mechanismus der Eiweißsynthese ausgeschlossen werden müssen und daß ferner die an der Hydrolyse beteiligten Enzyme nicht die gleichen sein können wie die der Synthese.

Demnach bedarf es zur Bildung von Hochpolymeren zusätzlicher Energie, und sie kann nur auf dem Wege gekoppelter Reaktionen erfolgen. Bei der *Cori*-Synthese von Polysacchariden wissen wir, daß diese Energie von den „high energy phosphate bonds" des Adenylsystems geliefert wird. Eine ähnliche Koppelung ist bei der Eiweißsynthese anzunehmen, für die ein hypothetisches Schema das folgende wäre (*Schulz*):

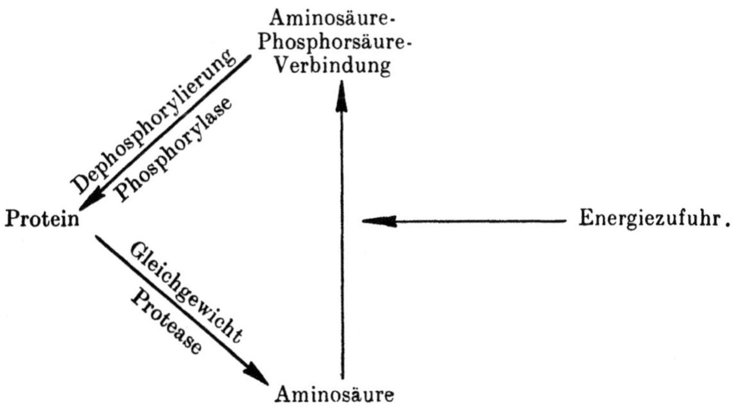

(24)

Der Energiebedarf der Eiweißsynthese kann von zwei Gesichtspunkten aus betrachtet werden. Die freie Energie der Adenosintriphosphorsäure übersteigt 10 kcal/mol, genügt also, um den Energiebedarf der Peptidbindung zu decken, die gemäß den oben gemachten Angaben von der Größenordnung von 7 kcal/mol ist. Eine strengere Diskussion wurde von *Schulz* (1951) gegeben. Zum Energiebedarf der Polymerisation als solcher muß die „Kettenentropie" hinzugerechnet werden. Bei der Eiweißsynthese handelt es sich nicht lediglich um die Bildung von Hochpolymeren; vielmehr müssen die Kettenmoleküle auch der Bedingung genügen, daß sie eine bestimmte Länge und daß die einzelnen Aminosäuren in der Kette eine bestimmte Anordnung haben. Dem zusätzlichen Betrag an freier Energie, den die Synthese von Makromolekülen von wohldefinierter Struktur erfordert, entspricht die „Kettenentropie". *Schulz* hat eine sehr anregende Analyse dieses Faktors gegeben, die gleichzeitig ein schönes Beispiel dafür ist, wie man sich dem Problem der Erzeugung struktureller Ordnung (dem überragend wichtigen Problem der Biologie) quantitativ nähern kann. Seine auf das *Boltzmann*-Prinzip gegründete Ableitung führt zu dem Ergebnis, daß $-\Delta F$ bei Berücksichtigung der Kettenentropie für Proteine, die aus 20 verschiedenen Aminosäuren aufgebaut sind, um etwa 2 kcal/mol zu vergrößern ist.

Für den Organismus als Ganzes läßt sich die für die Aufrechterhaltung des Fließgleichgewichts erforderliche Energie abschätzen, indem von Überlegungen ausgegangen wird, die zuerst von *Bertalanffy* (1951) und (für den Spezialfall optisch aktiver Verbindungen) von *W. Kuhn* (1936) angegeben wurden (*Schulz*, 1950). Die für die Bildung von 1 Mol polymerer Substanz mit der (von der Gleichgewichtskonzentration $c^*$ verschiedenen) Konzentration $c$ erforderliche minimale Arbeit beträgt

$$A = RT \ln \frac{c}{c^*} \quad \text{oder} \quad A = RT \ln \frac{n_p}{n^*} \quad \text{für molare Werte.} \tag{25}$$

Einige elementare Rechnungen unter Benutzung von Gl. (23) ergeben näherungsweise die je Gramm Eiweiß erforderliche Arbeit mit:

$$\frac{da}{dt} = r \frac{RT}{M_w} \cdot \ln \frac{n_w}{K} \cdot \quad \ldots\ldots\ldots\ldots\ldots\ldots \tag{26}$$

$r$ ist die Umsatzrate je Tag und $M_w$ das Molekulargewicht der in das Polymer kondensierten Aminosäuren ($-H_2O$). Nehmen wir an, es sei $M_w \approx 100$; der Proteingehalt des Körpers betrage 20%, sein Wassergehalt 60 %, so daß $n_w = 300/18 = 16{,}7$, und $K$ sei von der Größenordnung $3 \cdot 10^{-6}$, so erhalten wir

$$\frac{da}{dt} = r \cdot 93 \text{ cal/g Protein.}$$

Die Werte von $r$ (totales Eiweiß) betragen nach den Versuchen von *Sprinson* und *Rittenberg* mit dem Isotop $^{15}N$ für den Menschen 0,0087, für die Ratte 0,04. Das ergibt $da/dt \approx 0{,}9$ cal je Tag und Gramm Protein, also rund 10 kcal je Tag für einen erwachsenen Menschen, oder unter der Annahme eines Wirkungsgrades von 50 % rund 20 kcal je Tag. Die entsprechenden Werte für die Ratte betragen $da/dt \approx 3{,}72$ cal je Tag und je Gramm Protein und 0,16 bzw. 0,32 kcal je Tag für eine 270 g schwere Ratte. Da der Grundumsatz des Menschen etwa 1800 kcal je Tag, der Ratte etwa 30 kcal je Tag beträgt, so ist klar, daß nur ein geringer Teil des gesamten Stoffwechsels zur Erhaltung der Eiweißstoffe des Organismus im Fließgleichgewicht benötigt wird[1]).

## 8. Die hierarchische Ordnung des Stoffwechsels

Eine weitere Überlegung betrifft die offensichtliche hierarchische Organisation des Stoffwechsels (*Schulz*, 1950; *Bertalanffy*, 1951). Es scheint, daß, grob gesprochen, drei Niveaus im Fließgleichgewicht des Organismus unterschieden werden können. Das erste ist der Stoffwechsel niedermolekularer Verbindungen, repräsentiert durch enzymatische Reaktionen im Fließgleichgewicht, die einerseits die einfachen Bausteine wie Zucker, Aminosäuren, Purinbasen usw. liefern und andererseits in den energiereichen Bindungen der phosphorylierten Verbindungen Energie speichern.

Das zweite Niveau scheint die Synthese und Regeneration hochmolekularer Kohlehydrate und Eiweiße zu sein. Diese Prozesse sind gekoppelte Reaktionen und benötigen Energie, welche durch die energiereichen Bindungen der phosphorylierten Verbindungen geliefert wird, so bei der *Cori*-Synthese von Polysacchariden und wahrscheinlich auch bei der Eiweißsynthese. Letztere scheint mit den Nukleoproteiden verknüpft zu sein, indem sie durch die Desoxyribonukleinsäuren (DNA)

---

1) *Schulz*' ursprüngliche Berechnung (1950) gibt rund 10% des Grundumsatzes als notwendigen Arbeitsaufwand für die Erhaltung des Proteinbestandes des Organismus im Gleichgewicht. Nach neueren Ergebnissen der Isotopenforschung ist jedoch die Umsatzrate ($r$) um ungefähr eine Größenordnung kleiner anzusetzen, als von *Schulz* angenommen, was die oben angeführten Werte ergibt.

des Kerns über die Ribonukleinsäuren (RNA) des Zytoplasmas kontrolliert wird (*Caspersson*, 1941). Wahrscheinlich sind es Nukleoproteide, die in den Prozeß der Phosphorylierung und Dephosphorylierung nach Schema (24) eingreifen. Diese komplizierten Stufenreaktionen setzen Fermentsysteme in entsprechender räumlicher Anordnung voraus, die anscheinend in den basophilen Granula des Zytoplasmas gegeben ist, deren Bedeutung zuerst *Brachet* (1950) hervorgehoben hat; die Granula bestehen hauptsächlich aus Ribonukleinsäure, enthalten aber auch desmolytische Enzyme und zeigen auf diese Weise morphologisch den geforderten Zusammenhang zwischen Eiweißsynthese und energieliefernden Prozessen.

Das dritte Niveau wird repräsentiert durch selbstvermehrende Einheiten wie die Gene, die Virusmoleküle, die Plasmagene usw. Es mag sein, daß diese keine Proteine von Grund aus neu aufbauen, sondern eher wie Matrizen wirken, indem sie passende Molekülgruppen durch spezifische Anziehungskräfte anlagern und auf diese Weise wachsen. Ein zytologischer Hinweis auf die Unterschiedlichkeit zwischen der Bildung gewöhnlicher Proteine und der Selbstvermehrung der Nukleoproteide kann in der Tatsache erblickt werden, daß diese Prozesse in verschiedenen Perioden stattfinden: die Proteinsynthese während der Interphase, wenn der DNA-Gehalt der Chromosomen niedrig ist, die DNA-Vermehrung in der Prophase, in der das Material für die nachfolgende Verdopplung der Chromosomen in der Mitose bereitgestellt wird. Andererseits ist die obige Vorstellung im Einklang mit dem Fehlen eines Energiewechsels in den Viren (und dem fast völligen Fehlen von Atmungsfermenten im Kern), nicht minder auch damit, daß Viren nur in der lebenden Zelle zur Selbstvermehrung fähig sind. Das weist darauf hin, daß sie nicht alle Bedingungen, die für eine Eiweißsynthese *de novo* notwendig sind, besitzen. Der vollständige Komplex eines unabhängigen Stoffwechsels bleibt der lebenden Zelle vorbehalten. Was die spezifischen Anziehungskräfte betrifft, so mögen sie durch das elektrostatische Muster der Chromosomen (*Friedrich-Freksa*, 1940) oder durch quantenmechanische Resonanzkräfte (*Jordan*, 1941) repräsentiert sein. Die Vorstellung, daß die Chromosomen und Gene keine ruhenden Strukturen, sondern der Schauplatz eines Stoffumsatzes, also offene Systeme sind, scheint wohl gerechtfertigt und kann zu einer Theorie ihrer Selbstvermehrung führen (*Bertalanffy*, 1944). Nach dieser Modellvorstellung ist die kovariante Reduplikation von Viren und Genen eine Folge des Umstandes, daß sie „stoffwechselnde aperiodische Kristalle" sind. Wenn Abbauprozesse vor sich gehen, dann müssen, nach von *Rashevsky* gegebenen Ableitungen, Abstoßungskräfte auftreten, die schließlich zur Teilung und Selbstvermehrung führen können. In Hinblick auf die Chromosomen erscheint diese Vorstellung wohl begründet, da Isotopenversuche zeigen, daß die Nukleoproteide des Kerns fortwährend abgenutzt und regeneriert werden (vgl. *Brachet*, 1950). In Hinblick auf die Viren ist sie auf die einfachsten, Riesen-Proteinmoleküle darstellenden Virusarten (Tabakmosaikvirus usf.) anwendbar, nicht auf die höheren, „organismischen" Virusformen.

## 9. Äquifinalität

Eine weitere wichtige Konsequenz aus dem Begriff der offenen Systeme ist die Äquifinalität, welche einen sehr tiefgehenden Unterschied zwischen unbelebten und lebenden Systemen darstellt. In physikalischen Systemen ist der Endzustand im allgemeinen durch die Anfangsbedingungen determiniert. Man nehme als Beispiel die Bewegungen in einem Planetensystem, in dem die Planetenorte zu einer beliebigen Zeit $t$ durch diejenigen zu einer Zeit $t_0$ determiniert sind, oder ein chemisches Gleichgewicht, wo die Endkonzentrationen eindeutig von den Anfangskonzentrationen abhängen. Falls die Anfangsbedingungen oder der Verlauf des Prozesses geändert werden, so wird damit auch der Endzustand geändert. Bei lebenden Systemen dagegen kann der gleiche Endzustand von verschiedenen Anfangsbedingungen aus und auf verschiedenen Wegen erreicht werden. Ein solches Verhalten heißt *äquifinal.* Ein berühmtes Beispiel ist die embryonale Regulation: Das gleiche Endprodukt, eine typische Larve, kann entstehen aus einem vollständigen normalen Keim — etwa eines Seeigels — oder aus der Hälfte eines experimentell halbierten Keims oder aus zwei verschmolzenen Keimen. Es ist wohlbekannt, daß *Driesch* in diesem Verhalten einen Widerspruch mit den physikalischen Gesetzen sah und sie als den ersten und wichtigsten „Beweis des Vitalismus" betrachtete — indem nämlich ein solches Verhalten nur auf Grund eines Eingreifens einer seelenartigen Entelechie erklärbar sei.

Man sieht jedoch leicht, daß Äquifinalität eine allgemeine Eigenschaft offener Systeme ist, sofern sie einem Fließgleichgewicht zustreben (*Bertalanffy*, 1940). Wie aus der allgemeinen Gleichung (3) und den spezielleren Gleichungen (15), (18) und (20) ersichtlich, ist das Fließgleichgewicht nicht durch die Anfangsbedingungen, sondern nur durch die Systemparameter der Reaktionen und Transportvorgänge bestimmt. So zeigt die Lösung des Systems (5), daß die Konzentrationen im Fließgleichgewicht nur durch die erwähnten Parameter determiniert sind, nicht durch die Anfangskonzentrationen ($c_0$) oder die Konzentrationen in irgendeinem anderen Zeitpunkt. Offene Systeme sind daher allgemein äquifinal.

Geschlossene Systeme aber können nicht äquifinal sein. Daher findet sich mit wenigen Ausnahmen (*Bertalanffy*, 1951) in den üblichen unbelebten Systemen keine Äquifinalität. Dagegen ist sie bei lebenden Systemen weit verbreitet und kann in gewissen Fällen quantitativ formuliert werden. So ist das organische Wachstum häufig äquifinal: Die gleiche arteigene Endgröße kann von verschiedenen Anfangsgrößen aus erreicht werden (z. B. von Individuen verschiedenen Geburtsgewichts aus Würfen mit großer oder kleiner Individuenzahl), oder nach zeitweiliger Unterdrückung des Wachstums (z. B. durch eine Kost, die quantitativ oder in Hinblick auf die notwendigen Vitamine unzureichend ist, Abb. 4). Nach *Bertalanffys* quantitativer Wachstumstheorie (S. 33)

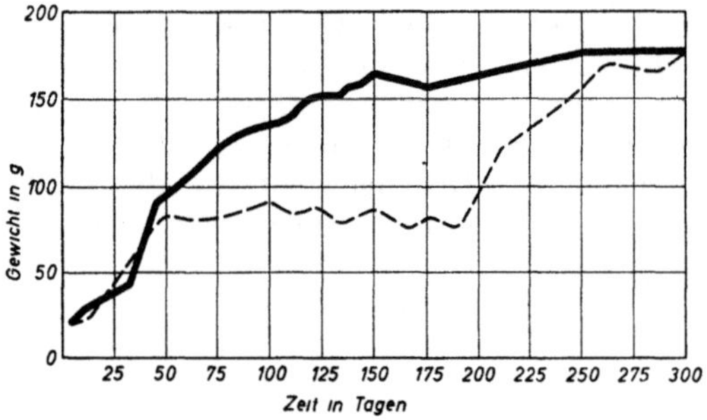


Abb. 4. Äquifinalität des Wachstums. Ausgezogene Kurve: normaler Wachstumsverlauf von Ratten. Gestrichelte Kurve: durch Vitaminmangel wurde am 50. Tage das Wachstum unterbrochen, so daß die Ratten an Gewicht nicht mehr zunahmen, sondern dieses nur erhalten konnten; als dann wieder normale Ernährung eintrat, erreichten die Ratten das normale Gewicht, wobei die nunmehr geltenden Wachstumsgeschwindigkeiten etwa die der kleineren Körpergröße (nicht dem Alter) entsprechenden waren. Die Kurve entnommen aus *Höber*

kann das tierische Wachstum als das Ergebnis eines Antagonismus von Auf- und Abbauprozessen betrachtet werden. Im wichtigsten Fall des „ersten Stoffwechsel- und Wachstumstypus“ erscheint der Abbau als eine Funktion der Körpermasse ($n = 1$), der Aufbau aber als eine Oberflächenfunktion ($m = 2/3$). Unter diesen Bedingungen verschiebt sich mit zunehmender Größe das Verhältnis Oberfläche : Volumen und daher auch das Verhältnis Aufbau : Abbau stetig zu Ungunsten der Oberfläche und des Aufbaus, bis schließlich ein Fließgleichgewicht erreicht wird. Dieser Endzustand ist aber nach Gl. (20) lediglich durch die Konstanten $\eta$ und $\varkappa$ des Auf- und des Abbaus bestimmt, nicht durch die Anfangsgröße. In ähnlicher Weise hängt die Wachstumsgeschwindigkeit in einem bestimmten Zeitpunkt nur von der jeweiligen Größe ab, nicht von der bereits verstrichenen Zeit. Mit anderen Worten: Das schließlich erreichte Fließgleichgewicht hängt weder von den Anfangsbedingungen, noch von dem Wege ab, auf dem sich die Entwicklung vollzogen hat, sondern nur von den Systemparametern (den Verhältnissen der artspezifischen Stoffwechselkonstanten). Es ist daher äquifinal.

Bei *Driesch*s Argument handelt es sich offensichtlich nicht um meßbare Größen, sondern um das Problem der Hervorbringung von Struktur und Form, das weit von einer physikalischen Interpretation entfernt ist. Wir müssen aber im Auge behalten, daß die Formbildung letzten Endes auf einem Zusammenspiel physiologischer Prozesse beruht, auf einem System abgestimmter Reaktionen, die durch das Genom kontrolliert werden. Ist dieses Reaktionssystem aber ein offenes System, so muß es den allgemeinen Prinzipien solcher Systeme gehorchen, ganz gleich, ob man die Prozesse im einzelnen kennt oder nicht.

Ein schönes Beispiel für Äquifinalität auf einem anderen Gebiet sind die Klimaxgemeinschaften der Ökologie. „Ähnliche Lebensgemeinschaften können sich entwickeln unter den Bedingungen eines bestimmten Standortes, gleichgültig, ob die Entwicklung eine primäre Sukzession auf einem nackten Felsen oder eine sekundäre Sukzession nach einem Feuer oder einer anderen Störung ist. Wie die Endbedingungen des Organismus bestimmt sind durch die organisierenden Wirkungen und die Wechselwirkung der Gene bei teilweiser Unabhängigkeit von den Anfangsbedingungen, so ist die Endbedingung der Lebensgemeinschaft bestimmt durch die Wechselwirkung von Populationen und deren Organisation in einer selbsterhaltenden Äquilibrierung bei teilweiser Unabhängigkeit von der ursprünglichen Umgebung und Population. Die Tatsache, daß ähnliche Klimaxgemeinschaften sich von verschiedenen Anfangsbedingungen aus entwickeln und endlich grundverschiedene Populationsfolgen ersetzen können, ist ein schlagendes Beispiel von Äquifinalität in offenen Systemen; ein Beispiel, bei dem der Grad der Unabhängigkeit von den Anfangsbedingungen und dem Verlaufe der Entwicklung viel größer zu sein scheint als im Organismus. Der Grad der Unabhängigkeit von der Umgebung hingegen erscheint hier viel geringer; denn die sich entwickelnde Lebensgemeinschaft hat keine derartige inhärente und bestimmende Ordnung wie sie im Organismus durch das genische System gegeben ist ... Während daher die Äquifinalität des offenen Systems sowohl im Organismus wie in der Lebensgemeinschaft in Erscheinung tritt, bringt die verschiedene Organisation dieser Systeme einen Kontrast im Grade der Abhängigkeit des äquifinalen Zustandes vom Anfangszustand und von der Umgebung mit sich" (*Whittaker*, 1953).

## 10. Fließgleichgewicht, Homöostasis und Rückkopplung

Die vorliegende Übersicht beschäftigt sich mit der Einstellung und Aufrechterhaltung von Fließgleichgewichten auf Grund dynamischer Prinzipien der Kinetik und Thermodynamik. Indessen gibt es im Organismus viele regulative Erscheinungen, die von prinzipiell anderer Art sind. Dies ist der Bereich derjenigen Regulationen, die man unter dem Begriff Homöostasis zusammenfassen kann.

Homöostasis (*Cannon*, 1929; *Brody*, 1945) kann definiert werden als der Inbegriff derjenigen organischen Regulationen, welche dahin wirken, den stationären Zustand des Organismus aufrecht zu erhalten, und die durch regulierende Mechanismen derart durchgeführt werden, daß sie nicht notwendig in der gleichen, sondern oft in entgegengesetzter Richtung ablaufen wie die, welche einer entsprechenden Änderung der Umgebungsbedingungen nach den allgemeinen Prinzipien der Physik entsprechen würde. Das einfachste Beispiel ist die Homöothermie. Nach dem *van t'Hoff*schen Gesetz bewirkt eine Temperaturabnahme eine Verlangsamung des Ablaufs chemischer Reaktionen, so wie es bei gewöhnlichen physikalisch-chemischen Systemen und auch bei den wechselwarmen Tieren der Fall ist. Bei den Warmblütern ist die Wirkung aber die umgekehrte, nämlich eine Zunahme der Stoffwechselprozesse mit dem Ergebnis, daß die Körpertemperatur konstant auf etwa 37 °C gehalten wird. Es gibt in der Physiologie zahlreiche grundsätzlich ähnliche Mechanismen: die Aufrechterhaltung eines konstanten Sauerstoff-, Kohlendioxyd- und $p_H$-Spiegels im Blut, veranlaßt durch Regulation der Atmung, der Nierentätigkeit usw.; die Aufrechterhaltung eines konstanten Wassergehaltes und die Osmoregulation, das heißt Aufrechterhaltung sowohl einer konstanten Gesamtkonzentration als auch der spezifischen Ionenkonzentrationen in den Körperflüssigkeiten, vermittelt durch Regulation der Ausscheidungen; Aufrechterhaltung eines konstanten Blutzuckerspiegels, kontrolliert durch Insulin und das sympathico-adrenale System; Regulation des Calciumspiegels durch das Nebenschilddrüsenhormon usw.

Diese Art der Regulation beruht wesentlich auf Rückkopplungsmechanismen (feedback) (*Wiener*, 1948; *Frank* u. a., 1948). Ein einfaches Beispiel ist ein Thermostat, der bei sinkender Temperatur die Zufuhr von Brennstoff oder einen Heizstrom verstärkt, bei steigender Temperatur sie drosselt. In ähnlicher Weise wird die Aufrechterhaltung einer konstanten Körpertemperatur durch einen Rückkopplungsmechanismus bewirkt: Eine Abkühlung übt einen Reiz aus auf die Wärmezentren im Corpus striatum und Hypothalamus, welche ihrerseits im Körper wärmeerzeugende Mechanismen „einschalten". Ähnliche Rückkopplungsmechanismen sind bei Homöostasis allgemein wirksam.

Obgleich das Resultat von Regulationen, die auf dem Fließgleichgewicht in einem offenen System, und von solchen, die auf Homöostasis beruhen, ähnlich ist und obgleich sie sich bei vielen physiologischen Erscheinungen überlappen und überlagern, so muß man doch zwischen diesen beiden Regulationstypen scharf unterscheiden (*Bertalanffy* u. a., 1951). Die Aufrechterhaltung des Fließgleichgewichts in einem offenen

System beruht auf dynamischen Prinzipien kinetischer Natur, wie wir es beschrieben haben. Die Homöostasis dagegen beruht auf Mechanismen von der Art einer Rückkopplung; d. h. ein Teil des Ausstoßes einer Maschine wird als „Information" an den Eingang zurückgeleitet und regelt so die Zufuhr und stabilisiert den Gang der Maschine.

Es scheint, daß die *primären* Regulationen im lebenden Organismus das Ergebnis einer dynamischen Wechselwirkung innerhalb eines einheitlichen Systems gemäß allgemeinen Systemgesetzen sind. Ihnen überlagert sind *sekundäre* Regulationen, die von „maschinenartigen" Mechanismen beherrscht werden, insbesondere solchen von Rückkopplungscharakter. Natürlich gibt es keine scharfe Grenze zwischen „dynamischen Systemen" und „Maschinen". Das Wesen einer Maschine besteht im wesentlichen darin, daß einem System von Kräften Zwangsbedingungen auferlegt sind, die die Zahl der Freiheitsgrade herabsetzen, im allgemeinen derart, daß nur eine Art von Bewegungsmöglichkeit übrig bleibt. Aber sogar bei den von Menschenhand gemachten Maschinen gibt es alle Arten von Übergängen zwischen fester und loser Kopplung, die entweder nur einen oder mehrere Freiheitsgrade zulassen. Im Bereich der Biologie scheinen die primären Regulationen solche von der Art von Systemen mit einem Mindestmaß an Zwang zu sein, so daß ein hoher Grad von dynamischer Wechselwirkung und Freiheit besteht. Gemäß dem „Prinzip der fortschreitenden Mechanisierung" entwickeln sich aber — ontogenetisch und phylogenetisch — Zwangsbedingungen, die einerseits die Leistung des Systems erhöhen, andererseits aber die primäre Regulationsfähigkeit beschränken, welch letztere eine Wiederherstellung sogar nach schweren Schädigungen oder nach Verlust ganzer Teile des stofflichen Systems möglich macht.

## 11. Thermodynamik offener Systeme

Definitionsgemäß befaßt sich die übliche Thermodynamik nur mit Vorgängen in geschlossenen Systemen. In einem solchen muß sich schließlich ein Gleichgewichtszustand einstellen, definiert durch ein Maximum der Entropie. Was sich aber in einem offenen System ereignen wird, vermag die konventionelle Thermodynamik nicht anzugeben.

Erst in jüngster Zeit ist eine Verallgemeinerung der Thermodynamik erfolgt mit dem Ziel, Nichtgleichgewichtszustände, offene Systeme und irreversible Prozesse zu erfassen (*Prigogine*, 1947; *Meixner*, 1949; *Denbigh*, 1951; *de Groot*, 1951). Das verspricht, eine beachtliche Entwicklung innerhalb der heutigen Physik zu werden, und eröffnet neue Ausblicke bezüglich biologischer Phänomene.

*Prinzipien.* Die moderne Erweiterung der Thermodynamik gründet sich auf folgende neuartige Prinzipien:

1. Die *Einführung thermodynamischer Funktionen, die nicht auf Gleichgewichtszustände in abgeschlossenen Systemen beschränkt sind*, sondern den *Entropiefluß* in offenen Systemen berücksichtigen. Während in jedem abgeschlossenen System, in dem sich irreversible Prozesse abspielen, die Entropie wächst:

$$dS > 0, \qquad (27)$$

kann sich die Entropie in einem offenen System aus zwei Gründen ändern: durch Transport von Entropie aus der Umgebung in das System und durch Erzeugung von Entropie im System selbst. Daher lautet die *verallgemeinerte Entropiefunktion* von *Prigogine*:

$$dS = d_e S + d_i S \qquad (28)$$

Hier ist $d_e S$ die Entropieänderung durch Transport, $d_i S$ die Entropieerzeugung durch irreversible Prozesse im System, wie chemische Reaktionen, Diffusion, Wärmeleitung usw. $d_i S$ ist nach dem 2. Hauptsatz stets positiv. Hingegen kann $d_e S$ positiv, Null oder negativ sein. Es ist negativ, wenn an freier Energie reiche Stoffe in das System eingeführt werden. Demnach kann $dS$ — je nach Vorzeichen und Betrag von $d_e S$ — sowohl positiv als auch negativ sein.

2. Die *phänomenologischen Gesetze* besagen, daß irreversible Vorgänge wie Wärmeleitung, Diffusion, elektrische Ströme, chemische Umsetzungen — allgemein als „*Flüsse*" (fluxes) bezeichnet — durch verallgemeinerte „*Kräfte*" verursacht werden, wie Temperaturgefälle, Konzentrationsgefälle, Potentialgefälle, chemische Affinitäten. Falls es sich nur um *einen* „Fluß" handelt, werden derartige irreversible Phänomene durch Proportionalitäten ausgedrückt, wie z. B. das *Fourier*sche Gesetz für den Wärmefluß und das Temperaturgefälle, das *Fick*sche Gesetz für den Diffusionsfluß und das Konzentrationsgefälle, das *Ohm*sche Gesetz für elektrischen Strom und Spannung usw. Falls *mehrere* Flüsse und Kräfte vorliegen, kann angenommen werden, daß die Stärke *jedes* Flusses von *allen* vorhandenen Kräften abhängt und die Beziehungen zwischen Flüssen und Kräften linear sind:

$$J_i = \sum_{k=1}^{n} L_{ik} X_k \qquad (i = 1, 2, \ldots, n). \qquad (29)$$

$J_i$ sind die Flüsse, $X_i$ die Kräfte, und die $L_{ik}$ sind Koeffizienten wie Wärmeleitfähigkeit, Diffusionskoeffizienten, elektrische Leitfähigkeiten, chemische „Zug"-Koeffizienten (s. u., drag coefficients, *Eckart*). Das obige Gleichungssystem sagt also aus, daß *jeder* Fluß linear von *allen* Kräften abhängt.

3. Die *Onsagerschen Reziprozitätsbeziehungen* behaupten eine Symmetrie der Koeffizienten $L_{ik}$, vorausgesetzt, daß die Flüsse und Kräfte passend gewählt werden.

Falls zwei oder mehrere Flüsse und Kräfte vorliegen, so treten reziproke Phänomene auf. Ein Beispiel ist der *Soret*-Effekt, die Ausbildung eines Konzentrationsgefälles auf Grund eines Temperaturgefälles, einerseits, und der *Dufour*-Effekt, die Ausbildung eines Temperaturgefälles auf Grund eines Konzentrationsgefälles andererseits. Die *Onsager*schen Beziehungen stellen eine *Symmetrie der Koeffizienten* solcher reziproker Effekte fest. Es sei $J$ ein Fluß, $X$ eine Kraft; dann besteht im allgemeinen eine empirische Beziehung von der Form

$$J = LX, \qquad (30)$$

in der $L$ ein skalarer Parameter ist. Angenommen, es bestehe ein Energiefluß von der Intensität $J_1$ und ein Stofffluß von der Intensität $J_2$. Wenn diese Prozesse unabhängig voneinander ablaufen, so kann man sie als durch die thermische Kraft $X_1$ bzw. die Diffusionskraft $X_2$ verursacht ansehen. Wenn sie aber gleichzeitig ablaufen, so kann man annehmen, daß jeder Fluß von beiden Kräften abhängt, und daher werden die Flüsse nach den phänomenologischen Gesetzen den folgenden Gleichungen gehorchen:

$$J_1 = L_{11}X_1 + L_{12}X_2, \quad J_2 = L_{21}X_1 + L_{22}X_2. \qquad (31)$$

Ein ähnliches System simultaner Gleichungen gilt für eine beliebige Zahl von Prozessen. Die *Onsager*schen Beziehungen behaupten die Gleichheit derjenigen Koeffizienten, die die Kopplung der Prozesse kennzeichnen, in Gestalt der Reziprozitätsbeziehungen

$$L_{ik} = L_{ki}. \qquad (32)$$

In dem erwähnten Beispiel bedeutet das eine Symmetrie zwischen der Wirkung der Diffusionskraft auf den Wärmestrom und der Wirkung der thermischen Kraft auf die Diffusion. Die *Onsager*sche Methode ist daher bei denjenigen Phänomenen nützlich, wo es sich um eine *Wechselwirkung* zweier oder mehrerer Prozesse handelt (Thermodiffusion, Thermoelektrizität, Thermoosmose, Elektrochemie usw.).

Bei der Auswahl der „Kräfte“ haben wir zunächst Freiheit. Nach *Onsager* werden die Kräfte so gewählt, daß, wenn jeder Fluß $J_i$ multipliziert wird mit der entsprechenden Kraft $X_i$, die Summe der Produkte gleich ist der Entropieerzeugung ($\sigma$) für das Einheitsvolumen des Systems, multipliziert mit der absoluten Temperatur:

$$T\sigma = J_1 X_1 + J_2 X_2 - \cdots = \sum_i J_i X_i \quad \ldots\ldots\ldots (33)$$

4. Die Reziprozitätsbeziehungen beruhen auf dem Prinzip der *mikroskopischen Reversibilität*, welches besagt, daß Zustandsschwankungen der Partikeln eines im Gleichgewicht befindlichen Systems mit gleicher Häufigkeit in Richtung vom Gleichgewicht weg wie zu ihm hin erfolgen.

Ein Beispiel, welches das Prinzip der mikroskopischen Reversibilität und deren Zusammenhang mit den reziproken Relationen und der Entropieerzeugung zeigt, ist das chemische Gleichgewicht. *Onsager* wurde zur Aufstellung der genannten Beziehungen durch den Umstand geführt, daß das Prinzip der mikroskopischen Reversibilität den Betrachtungen über chemische Gleichgewichte implicite zugrunde liegt, insofern es sich um Systeme mit mehreren Partialreaktionen handelt. Man betrachte eine trianguläre Reaktion:

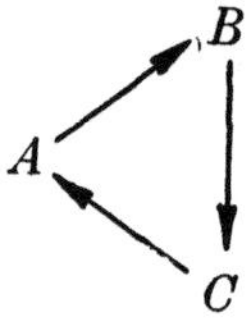


$\ldots\ldots\ldots\ldots\ldots\ldots\ldots\ldots$ (34)

Den Bedingungen für thermodynamisches Gleichgewicht ist genügt, wenn ein ständiger Molekülfluß im Kreise, wie eben angegeben, erfolgt. Die thermodynamische Gleichgewichtsbedingung ist:

$$\mu_a^* = \mu_b^* = \mu_c^*, \quad \ldots\ldots\ldots\ldots\ldots\ldots\ldots (35)$$

wenn die $\mu^*$ die chemischen Potentiale im Gleichgewicht bedeuten. Idealität des Systems vorausgesetzt, sind die chemischen Potentiale von den Logarithmen der Konzentrationen linear abhängig:

$$\mu = \mu^0(p, T) + RT \ln c, \qquad (36)$$

woraus für das Gleichgewicht folgt:

$$c_a^*/c_b^* = K_1; \quad c_b^*/c_c^* = K_2; \quad c_c^*/c_a^* = K_3. \quad \ldots\ldots\ldots (37)$$

In der physikalischen Chemie wird ferner angenommen, daß in einem solchen System jede Partialreaktion in beiden Richtungen abläuft, also:

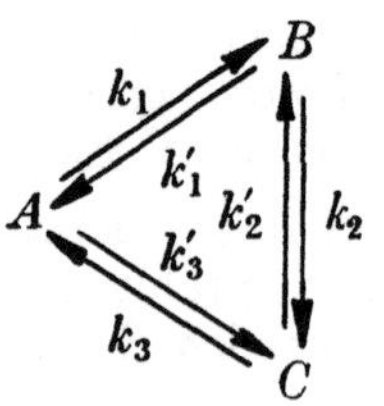


$\ldots\ldots\ldots\ldots\ldots\ldots\ldots\ldots$ (38)

Dann gilt das Gleichungssystem:

$$\left.\begin{aligned}\frac{dc_a}{dt} &= -(k_1 + k'_3)\,c_a + k'_1 c_b + k_3 c_c \\ \frac{dc_b}{dt} &= k_1 c_a - (k'_1 + k_2)\,c_b + k'_2 c_c \\ \frac{dc_c}{dt} &= k'_3 c_a + k_2 c_b - (k_3 + k'_2)\,c_c\end{aligned}\right\} \quad \ldots\ldots\ldots\ldots (39)$$

Im Gleichgewichtszustand sind die zeitlichen Differentialquotienten gleich 0, und wir erhalten die Lösungen:

$$\frac{c_a^*}{c_b^*} = \frac{k'_1(k_3 + k'_2) + k_2 k_3}{k_1(k_3 + k'_2) + k'_2 k'_3} \quad \ldots\ldots\ldots\ldots (40)$$

und unter zyklischer Vertauschung entsprechend für $c_b^* / c_c^*$ und $c_c^* / c_a^*$.

Dies ist alles, was aus den üblichen thermodynamischen und kinetischen Prinzipien abgeleitet werden kann. Jedoch macht die physikalische Chemie noch eine weitere Aussage, nämlich daß jede einzelne Partialreaktion sich im Gleichgewicht befinde, also

$$\frac{k'_1}{k_1} = K_1; \quad \frac{k'_2}{k_2} = K_2; \quad \frac{k'_3}{k_3} = K_3 \quad \ldots\ldots\ldots\ldots (41)$$

sei. Dies folgt aus den thermodynamischen Bedingungen (36) und den kinetischen Bedingungen (40) nicht. Vielmehr muß dazu eine weitere Bedingung eingeführt werden, nämlich daß von jeder Molekülart im Gleichgewicht gleichviel gebildet wird, wie verschwindet, d. h.

$$k_1 c_a^* = k'_1 c_b^*\,; \quad k_2 c_b^* = k'_2 c_c^*\,; \quad k_3 c_c^* = k'_3 c_a^* \quad \ldots\ldots (42)$$

Setzen wir dies in Gl. (37) ein, so erhalten wir Gl. (41), wie gefordert. Das Prinzip der mikroskopischen Reversibilität liegt also implicite den Betrachtungen über chemisches Gleichgewicht zugrunde[1]).

Ferner können die Reaktionsgeschwindigkeiten in der Form von thermodynamischen Flußgleichungen geschrieben, d. h. als lineare Funktionen passend gewählter thermodynamischer Kräfte ausgedrückt werden[2]). Dazu wird das Gleichungssystem umgeformt, indem die

---

[1]) Da dies in der neueren Literatur nicht in die Erscheinung tritt, so sei bemerkt, daß, unabhängig von der belgischen Schule, das Prinzip als das der „totalen Reversibilität" auch von *Wegscheider* (1901) gefordert und von *Skrabal* ausgedehnt benutzt wurde (vgl. *Skrabal*, 1950 und andere Arbeiten). Die oben gegebene Darstellung der *Onsager*-Relationen schließt sich an *Denbigh* (1951) an.

[2]) Vorausgesetzt, daß das System nahe am Gleichgewicht ist (s. u.).

Differenzen zwischen den tatsächlichen Konzentrationen $c$ und den Gleichgewichtskonzentrationen $c^*$ eingeführt werden:

$$y = c - c^*, \text{ und daher } dy/dt = dc/dt. \tag{43}$$

In Gl. (39) eingeführt, ergibt dies:

$$\left.\begin{aligned}\frac{dy_a}{dt} &= -(k_1 + k_3')(y_a + c_a^*) + k_1'(y_b + c_b^*) + k_3(y_c + c_c^*)\\ &= -(k_1 + k_3')\,y_a + k_1' y_b + k_3 y_c - (k_1 + k_3')\,c_a^* + k_1' c_b^* + k_3 c_c^*.\end{aligned}\right\} \tag{44}$$

Die Summe der letzten drei Glieder ist $dc^*/dt$ und daher gleich 0. Daher ist

$$\frac{dy_a}{dt} = -(k_1 + k_3')\,y_a + k_1' y_b + k_3 y_c. \tag{45}$$

Nach Gl. (36) gilt weiter:

$$\mu_a - \mu_a^* = RT \ln \frac{c_a}{c_a^*} = RT \ln\left(1 + \frac{y_a}{c_a^*}\right). \tag{46}$$

Ist $y_a \ll 1$, also das System dem Gleichgewicht nahe, so ist annähernd:

$$\mu_a - \mu_a^* = RT\, y_a/c_a^*; \quad y_a = \frac{(\mu_a - \mu_a^*)\, c_a^*}{RT}. \tag{47}$$

Führen wir diese Substitutionen in Gl. (45) ein, so erhalten wir:

$$\left.\begin{aligned}\dot y_a &= \frac{(k_1 + k_3')\,c_a^*}{RT}(\mu_a^* - \mu_a) - \frac{k_1' c_b^*}{RT}(\mu_b^* - \mu_b) - \frac{k_3 c_c^*}{RT}(\mu_c^* - \mu_c),\\ \dot y_b &= -\frac{k_1 c_a^*}{RT}(\mu_a^* - \mu_a) + \frac{(k_1' + k_2)\,c_b^*}{RT}(\mu_b^* - \mu_b) - \frac{k_2' c_c^*}{RT}(\mu_c^* - \mu_c),\\ \dot y_c &= -\frac{k_3' c_a^*}{RT}(\mu_a^* - \mu_a) - \frac{k_2 c_b^*}{RT}(\mu_b^* - \mu_b) + \frac{(k_3 + k_2')}{RT}\,c_c^*(\mu_c^* - \mu_c).\end{aligned}\right\} \tag{48}$$

Diese Beziehungen entsprechen jedoch dem Gleichungssystem (29):

$$\left.\begin{aligned}\dot y_a &= L_{11} X_a - L_{12} X_b - L_{13} X_c,\\ \dot y_b &= -L_{21} X_a + L_{22} X_b - L_{23} X_c,\\ \dot y_c &= -L_{31} X_a - L_{32} X_b + L_{33} X_c.\end{aligned}\right\} \tag{49}$$

worin die $L$ die „Zug“-Koeffizienten und die $(\mu^* - \mu)$ die thermodynamischen Kräfte darstellen. Nach dem Prinzip der balancierten Partialreaktionen gilt jedoch Gl. (42), woraus sich unmittelbar zeigt, daß

$$L_{12} = L_{21}; \quad L_{13} = L_{31}; \quad L_{23} = L_{32}, \tag{50}$$

wie gefordert.

Schließlich soll die Gl. (33) für die Entropieerzeugung erfüllt sein. Dies trifft zu, indem die Entropieerzeugung bei chemischen Reaktionen durch Gl. (48) gegeben ist. Die Flüsse $J$ werden durch die Reaktionsgeschwindigkeiten ($v$ oder $\dot{y}$), die Kräfte $X$ durch die chemische Affinität nach *de Donder* ($A$) oder die negativen chemischen Potentiale ($\mu^* - \mu$) dargestellt.

Das Prinzip der Reversibilität hat mikroskopischen Charakter, d. h. es betrifft Vorgänge auf molekularer Ebene. Andererseits aber sind die daraus abgeleiteten reziproken Relationen makroskopischer Natur. In diesem Sinne ist das *Onsager*sche Prinzip dem Entropieprinzip vergleichbar, das nach *Boltzmann* gleichfalls mikroskopisch begründet ist, sich jedoch in den makroskopischen Formulierungen des 2. Hauptsatzes äußert.

Auf diesen Grundlagen kann die Thermodynamik irreversibler Prozesse, offener Systeme und stationärer Zustände entwickelt werden. Sie führt zur Lösung vieler Probleme, bei denen die klassische Theorie nicht ausreicht. Hier soll nur auf einige thermodynamische Eigenschaften offener Systeme hingewiesen werden, die vielleicht biologisches Interesse beanspruchen.

*Einige Folgerungen.* Bei allen irreversiblen Prozessen muß die Entropie zunehmen. Darum muß die Entropieänderung eines geschlossenen Systems stets positiv sein; anders ausgedrückt: die bestehende Ordnung wird fortschreitend zerstört. In einem offenen System aber, und insbesondere in einem lebenden Organismus, erfolgt nicht nur eine Entropieänderung durch irreversible Prozesse, sondern der Organismus „nährt" sich, nach einem Wort von *Schrödinger*, von negativer Entropie. Er importiert komplizierte organische Moleküle mit hoher freier Energie, baut sie ab und gibt die einfacheren Endprodukte an die Umgebung zurück. Auf diese Weise können lebende Systeme, indem sie sich in einem Fließgleichgewicht erhalten, der Entropievermehrung entgehen, die in geschlossenen Systemen unabwendbar ist. Der 2. Hauptsatz wird nicht verletzt; denn er bleibt in Kraft für das offene System *einschließlich seiner Umgebung*. Die der Umgebung entnommene, zur Konstanterhaltung der Entropie im System ausgenutzte und schließlich an die Umgebung zurückgegebene freie Energie ist teilweise entwertet, so daß, im ganzen genommen, die Entropie zunimmt. Andererseits ist aber das Fließgleichgewicht eines offenen Systems nicht durch ein Maximum der Entropie gekennzeichnet; denn neben der ständigen Entropieerzeugung muß der Import von Entropie (der negativ sein kann) berücksichtigt werden. Im Fließgleichgewicht ist die Entropieänderung gleich Null, indem die durch irreversible Prozesse erzeugte positive Entropie durch die negative Entropie kompensiert wird, die aus der Einfuhr freier Energie aus der Umgebung stammt.

Für die zeitlichen Änderungen offener Systeme hat *Prigogine* (1947; *Prigogine* und *Wiame*, 1946) die folgenden Prinzipien aufgestellt.

1. Offene Systeme streben einem Fließgleichgewicht zu, das einem Minimum der mit den Systembedingungen verträglichen Entropieerzeugung entspricht.

2. Während der Entwicklung eines offenen Systems in Richtung auf das Fließgleichgewicht kann seine Entropie abnehmen.

3. Die Fließgleichgewichte mit einem Minimum an Entropieerzeugung sind im allgemeinen stabil. Wenn daher eine der Systemvariablen geändert wird, so zeigt das System Veränderungen im entgegengesetzten Sinne. Daher gilt das *Le Chatelier*-Prinzip nicht nur für geschlossene, sondern auch für offene Systeme, in denen irreversible Prozesse ablaufen, vorausgesetzt, daß diese Systeme sich in einem Fließgleichgewicht mit minimaler Entropieerzeugung befinden.

Doch hat *Denbigh* (1952) nachgewiesen, daß *Prigogine*s Behauptung 1 nur in ziemlich speziellen Fällen gilt. Ihre Ableitung steht und fällt mit der Voraussetzung der Linearität der phänomenologischen Beziehungen zwischen Flüssen und Kräften. Daher gilt sie für Transporterscheinungen von der Art des *Knudsen*-Effektes oder der Thermodiffusion, aber nicht für chemische Reaktionen in offenen Systemen, es sei denn näherungsweise, wenn das System dem Gleichgewicht nahe ist.

Bei einer chemischen Reaktion ist die Entropieerzeugung (je Volum- und Zeiteinheit) gegeben durch die Gleichung

$$T\sigma = \sum A_i v_i. \qquad (51)$$

Die $v$ sind die Reaktionsgeschwindigkeiten, die $A$ die Affinitäten nach *de Donder* [$A = -\sum \nu_i \mu_i$, wobei die $\mu_i$ die *Gibbs*schen chemischen Potentiale und die $\nu_i$ die stöchiometrischen Koeffizienten sind; $A = -\Delta F$ (freie Energie nach *Lewis* und *Randall*)]. *Prigogine*s Behauptung setzt voraus, daß die Reaktionsgeschwindigkeit eine lineare Funktion der thermodynamischen Kraft ist, nämlich der Differenz der chemischen Potentiale der Reaktionspartner und -produkte. Das trifft aber nur dann angenähert zu, wenn die Reaktion dem Gleichgewicht nahe ist. Im allgemeinen hängt die Reaktionsgeschwindigkeit weit mehr von den Konzentrationen als von den chemischen Potentialen ab. *Denbigh* hat nachgewiesen, daß der Unterschied zwischen den Konzentrationen, die ein Minimum der Entropieerzeugung ergeben, und denen im Fließgleichgewicht erheblich ist. Daher kennzeichnet ein Minimum der Entropieerzeugung das Fließgleichgewicht in einem offenen System nicht, und es scheint, daß vorläufig keine einfache thermodynamische Definition dieses Zustandes gegeben werden kann. Allgemein kann man sagen, daß die Annäherung eines offenen Systems an einen Zustand des Fließgleichgewichts eher durch kinetische Faktoren (Konzentrationen) als durch thermodynamische Kräfte bestimmt wird.

*Entropie und Evolution.* Der amerikanische Historiker und Philosoph *Henry Adams* (1920) war wahrscheinlich der erste, der sich über eine offensichtliche Kluft zwischen der belebten und der unbelebten Natur ernstliche Gedanken gemacht hat. Er wies hin auf das, was er „den schweren Widerspruch zwischen Lord *Kelvin*s Entwertung und *Darwin*s Aufstieg" nannte, zwischen „dem Dissipationsgesetz in der Physik und dem Evolutionsgesetz in der Biologie". Nach dem 2. Hauptsatz ist die allgemeine Tendenz des Geschehens auf ein Höchstmaß an Unordnung und einen Ausgleich aller Differenzierungen gerichtet, indem höherwertige Energieformen irreversibel in Wärme degradiert werden und Temperaturgradienten mehr und mehr verschwinden. So läuft die Welt wie eine Uhr ab und nähert sich dem „Wärmetod", nach dessen Eintreten jegliche Energie als gleichmäßig verteilte Wärme von niedriger Temperatur endgültig zerstreut ist und das Weltgeschehen ein Ende findet. Auf mikrophysikalischer Ebene mögen Ausnahmen vom 2. Hauptsatz vorliegen: so werden im Inneren der Sterne unter extrem hohen Temperaturen schwerere Atomkerne aus leichteren aufgebaut, insbesondere Helium aus Wasserstoff. Diese Prozesse liefern die Energie der Sonnenstrahlung und werden auch in der Wasserstoffbombe ausgenutzt. Im makroskopischen Bereich aber scheint die allgemeine Richtung des Geschehens auf zunehmende Degradation eine notwendige Folge aus dem 2. Hauptsatz zu sein.

Im Gegensatz dazu zeigt die belebte Welt einen Übergang zu höherer Ordnung, Mannigfaltigkeit und Organisation. Das ist offensichtlich bei der embryonalen Entwicklung erkennbar, bei der das Ei, seine sichtbare Mannigfaltigkeit ständig vermehrend, schließlich einen Organismus von komplizierter Organisation liefert. Es gilt ebenso für die Evolution, die in geologischen Zeiträumen von einfachen einzelligen Lebewesen zu der immer komplizierter werdenden Organisation der höheren Tiere und Pflanzen geführt hat.

Dieser Gegensatz zwischen der unbelebten und der belebten Natur ist wieder und wieder festgestellt worden. Die „Erhaltung der lebenden Gestalt" und die „Tendenz zu maximaler Gestaltetheit" (entsprechend der Erhaltung im Fließgleichgewicht und dem Übergang zu höherer Ordnung in offenen Systemen) wurden als allgemeine phänomenologische Prinzipien des Lebendigen proklamiert (*Bertalanffy*, 1929). *Driesch* (1935) hat die „Ganzheitskausalität" (d. h.: Zunahme des Mannigfaltigkeitsgrades ohne äußere Ursachen und mit dem Merkmal der Äquifinalität) als das entscheidende Argument in seinem Beweis des Vitalismus angesehen. *Woltereck* (1940) hat den Kontrast hervorgehoben zwischen „Katamorphose", der Tendenz zur Zerstörung von Ordnung in der physikalischen Welt, und „Anamorphose", der Vermehrung der Ordnung in der Welt des Lebendigen.

Auf der Grundlage der Theorie der offenen Systeme verschwindet der scheinbare Widerspruch zwischen Entropie und Evolution. In offenen Systemen kann die Entropie abnehmen, und deshalb können solche Systeme sich spontan in Richtung auf Zustände von größerer Mannigfaltigkeit und Kompliziertheit entwickeln. Vielleicht ist es gerade das thermodynamische Wesen der Organismen als offener Systeme, das im Hintergrunde des scheinbaren Gegensatzes zwischen der Katamorphose der unbelebten und der Anamorphose der belebten Natur steht. Dies ist offensichtlich beim Übergang zu größerer Kompliziertheit in der embryonalen Entwicklung, die möglich ist auf Kosten von Energie, die aus der Oxydation und anderen energieliefernden Prozessen stammt. Im Hinblick auf die Evolution zeigt uns diese Betrachtung, daß es die vermutete Verletzung der physikalischen Gesetze gar nicht gibt, oder vielmehr, daß sie bei einer Verallgemeinerung der physikalischen Theorie verschwindet.

# Literaturverzeichnis

## Zusammenfassende Darstellungen mit ausführlichen Literaturangaben


*Bertalanffy, L. von, Theoretische Biologie. Bd. II: Stoffwechsel, Wachstum.* 2. Aufl., Bern, 1951.

*de Groot, S. R., Thermodynamics of Irreversible Processes.* New York, Amsterdam, 1951.

*Denbigh, K. G., The Thermodynamics of the Steady State.* London, New York, 1951.

*Prigogine, I., Étude thermodynamique des phénomènes irréversibles.* Paris, 1947.


## Spezialarbeiten


*Adams, H., The Degradation of the Democratic Dogma.* New York, 1920.

*Adolph, E. F.,* Quantitative Relations in the Physiological Constitutions of Mammals. *Science* **107** (1949), S. 579.

*Bavink, B., Ergebnisse und Probleme der Naturwissenschaften.* 8. Aufl., Leipzig, 1944, 9. Aufl., Zürich, 1948.

*Bertalanffy, F. D.,* The Mitotic Activity of the Alveolar Tissue in the Albino Rat. *Rev. Canad. Biol.* **10** (1951), S. 62.

— und *Leblond, C. P.,* The Continuous Renewal of the Two Types of Alveolar Cells in the Lungs of the Rat. *Anat. Rec.* **115** (1953), S. 515.

*Bertalanffy, L. von,* Vorschlag zweier sehr allgemeiner biologischer Gesetze. *Biol. Zbl.* **49** (1929), S. 83.

— Untersuchungen über die Gesetzlichkeit des Wachstums. I. Allgemeine Grundlagen der Theorie; mathematische und physiologische Gesetzlichkeiten des Wachstums bei Wassertieren. *Roux Arch.* **131** (1934), S. 613.

— A Quantitative Theory of Organic Growth. Inquiries in Growth Laws II. *Human Biology* **10** (1938), S. 181.

— Der Organismus als physikalisches System betrachtet. *Naturwiss.* **28** (1940), S. 521.

— Probleme einer dynamischen Morphologie. Untersuchungen über die Gesetzlichkeit des Wachstums. IV. *Biologia Generalis* **15** (1941a), S. 1.

— Stoffwechseltypen und Wachstumstypen. Untersuchungen über die Gesetzlichkeit des Wachstums. VII. *Biol. Zbl.* **61** (1941b), S. 510.

— Bemerkungen zum Modell der biologischen Elementareinheiten. *Naturwiss.* **32** (1944), S. 26.

— *Das biologische Weltbild.* Bern, 1949a.

— Problems of Organic Growth. *Nature* **163** (1949b), S. 156.

— „Open Systems“ in Physics and Biology. *Nature* **163** (1949c), S. 384.

— The Theory of Open Systems in Physics and Biology. *Science* **111** (1950), S. 23.

— Metabolic Types and Growth Types. *Amer. Naturalist* **85** (1951a), S. 111.

*Bertalanffy, L. von, Hempel, C. G., Bass, R. E.*, und *Jonas, H.*, General System Theory. A New Approach to Unity of Science. 6. Towards a Physical Theory of Organic Teleology. *Human Biology* **23** (1951), S. 346.
*Bethe, A.*, Die biologischen Rhythmusphänomene, als selbständige bzw. erzwungene Kippschwingungen betrachtet. *Pflügers Arch.* **244** (1940), S. 1.
– Die periodische Unterbrechung rhythmischer Vorgänge (Cheyne-Stokessches Phänomen und Lucianische Perioden) an elektrischen Kippsystemen. *Pflügers Arch.* **246** (1943), S. 485.
*Borsook, H.*, Protein Turnover and Incorporation of Labelled Amino Acids into Tissue Proteins in vivo and in vitro. *Physiol. Rev.* **30** (1950), S. 206.
*Brachet, J.*, *Chemical Embryology.* New York, 1950.
*Brody, S.*, *Bioenergetics and Growth.* New York, 1945.
*Burton, A. C.*, The Properties of the Steady State compared to those of Equilibrium as shown in Characteristic Biological Behavior. *J. gen. comp. Physiol.* **14** (1939), S. 327.
*Cannon, W. B.*, Organization for Physiological Homeostasis. *Physiol. Rev.* **9** (1929), S. 397.
*Caspersson, T.*, Studien über den Eiweißumsatz der Zelle. *Naturwiss.* **29** (1941), S. 33.
*Crane, E. E.*, Bioelectric Potentials, their Maintenance and Function. *Progress in Biophysics* **1** (1950), S. 85.
*d'Ancona, U.*, *Der Kampf ums Dasein.* Übersetzt von L. Holzer. Abh. z. exakten Biologie, herausgeg. von L. von Bertalanffy, **1**, Berlin 1939.
*Dehlinger, U.*, und *Wertz, E.*, Biologische Grundfragen in physikalischer Betrachtung. *Naturwiss.* **30** (1942), S. 250.
*Denbigh, K. G.*, Velocity and Yield in Continuous Reaction Systems. *Trans. Faraday Soc.* **40** (1944), S. 352.
– Continuous Reactions. Part II: The Kinetics of Steady State Polymerization. *Trans. Faraday Soc.* **43** (1947), S. 648.
– Entropy Creation in Open Systems. *Trans. Faraday Soc.* **48** (1952), S. 389.
*Denbigh, K. G., Hicks, M.*, und *Page, F. M.*, The Kinetics of Open Reaction Systems. *Trans. Faraday Soc.* **44** (1948), S. 479.
*Driesch, H.*, *Die Maschine und der Organismus.* Abh. z. theor. Biologie, herausgeg. von J. Schaxel, Berlin 1935.
*Druckrey, H.*, und *Küpfmüller, K.*, *Dosis und Wirkung.* Beiträge zur theoretischen Pharmakologie. *Die Pharmazie* **8**, Beiheft 1, Erg.-Bd. Aulendorf, 1949.
*Flexner, L. B.*, und *Stiehler, R. D.*, Biochemical Changes associated with the Onset of Secretion in the Fetal Chorioid Plexus. An Organization of Oxydation-Reduction Processes. *J. Biol. Chem.* **126** (1938), S. 619.
*Frank, L. K., Hutchinson, G. E., Livingstone, W. K., Mc Culloch, W. S.*, und *Wiener, N.*, *Teleological Mechanisms.* Ann. N. Y. Acad. Sci. **50** (1948).
*Friedrich-Freksa, H.*, Bei der Chromosomenkonjugation wirksame Kräfte und ihre Bedeutung für die identische Verdoppelung von Nucleoproteiden. *Naturwiss.* **28** (1940), S. 376.
*Haase, R.*, Zur Thermodynamik der irreversiblen Prozesse. *Z. Naturforsch.* **6a** (1951), S. 420 u. 522.

*Hearon, J. Z.*, The Kinetics of Blood Coagulation. *Bull. Math. Biophys.* **10** (1948), S. 175.
– The Steady State Kinetics of some Biological Systems. I–IV. *Bull. Math. Biophys.* **11** (1949), S. 29; **11** (1949), S. 83; **12** (1950), S. 57; **12** (1950), S. 85.
– Some Cellular Diffusion Problems based on Onsager's Generalization of Fick's Law. *Bull. Math. Biophys.* **12** (1950), S. 135.
– Thermodynamic Principles as applied to the Analysis of Biological Systems. *Fed. Proceedings* **10** (1951), S. 602.
– Rate Behavior of Metabolic Systems. *Physiol. Rev.* **32** (1952), S. 499.
*Hecht, S.*, Die physikalische Chemie und die Physiologie des Sehaktes. *Erg. Physiol.* **32** (1931).
*Heinz, E.*, Probleme bei der Diffusion kleiner Substanzmengen innerhalb des menschlichen Körpers. *Biochem. Zeitschr.* **319** (1949), S. 482.
*Hill, A. V.*, *Adventures in Biophysics.* Philadelphia, 1931.
– Excitation and Accomodation in Nerve. *Proc. Roy. Soc. London B* **119** (1936), S. 305.
*Hinshelwood, C. N.*, *The Chemical Kinetics of the Bacterial Cell.* Oxford, 1946.
*Hobbiger, F.*, und *Werner, G.*, Über das chemische Gleichgewicht der Acetylcholinverteilung im Gehirngewebe von Warmblütern. *Z. Vitamin-, Hormon-Fermentforsch.* **2** (1949), S. 234.
*Hobbiger, F.*, und *Werner, G.*, Zum Verhalten der Acetylcholinsynthese im Gehirnbrei von Warmblütern. *Arch. int. Pharmacodyn.* **79** (1949), S. 221.
*Höber, R.*, *Physikalische Chemie der Zelle und der Gewebe.* 6. Aufl., Berlin 1926.
– u. a., *Physical Chemistry of Cells and Tissues.* London und Philadelphia, 1945. Deutsch: Bern, 1947.
*Jordan, P.*, Über die Spezifität von Antikörpern, Viren, Genen. *Naturwiss.* **29** (1941), S. 91.
*Kostitzin, V. A.*, *Biologie mathématique.* Paris, 1937.
*Krech, D.*, Dynamic Systems as Open Neurological Systems. *Psychol. Rev.* **57** (1950), S. 345.
*Kuhn, W.*, Optische Spezifität von Enzymen. *Erg. Enzymforsch.* **5** (1936), S. 1.
– Katalytische Erzeugung optisch-aktiver Stoffe und chemische Notwendigkeit eines einseitigen Ablaufs biochemischer Vorgänge. *Angew. Chemie*, 1936.
*Leblond, C. P.*, und *Stevens, C. E.*, The Constant Renewal of the Intestinal Epithelium of the Albino Rat. *Anat. Rev.* **100** (1948), S. 357.
*Lecomte du Noüy*, *Human Destiny.* New York, 1947.
*Lettré, H.*, Physikalisch-chemische Betrachtungen über Wachstum und Zellteilung. *Zeitschr. Elektrochem. u. angew. physik. Chemie* **55** (1951), S. 531.
*Loewe, S.*, Die quantitativen Probleme der Pharmakologie. *Erg. Physiol.* **27** (1928), S. 47.
*Longworth, C. G.*, The Theory of Diffusion in Cell Models and Volume Changes Analogous to Growth. *Cold Spring Harbor Sym. quant. Biol.* **2** (1934), S. 213.
*Lotka, A. J.*, *Elements of Physical Biology*, Baltimore, 1925.
*Lund, E. J.*, Relation between Continuous Bio-electric Currents and Cell Respiration. II. *J. exp. Zool.* **51** (1928), S. 265.

*Lund, E. J.*, III. Effects of Concentration of Oxygen on Cell Polarity in the Frog Skin. *J. exp. Zool.* **51** (1928), S. 291.
— V. The Quantitative Relation between EP and Cell Oxidation as shown by the Effects of Cyanide and Oxygen. *J. exp. Zool.* **51** (1928), S. 327.
*Marsh, G.*, Relation between Continuous Bio-electric Currents and Cell Respiration. IV. The Origin of Electric Polarity in the Onion Root. *J. exp. Zool.* **51** (1928), S. 309.
*Meixner, J.*, Zur Thermodynamik der irreversiblen Prozesse. *Z. phys. Chem.* (*B*) **53** (1943), S. 235.
— Thermodynamik und Relaxationserscheinungen. *Z. Naturforsch.* **4a** (1949), S. 594.
*Mittasch, A.*, *Über katalytische Verursachung im biologischen Geschehen.* Berlin, 1935.
*Morales, M. F.*, A Note on Limiting Reactions and Temperature Coefficients. *J. Cell. Comp. Physiol.* **30** (1947), S. 303.
*Netter, H.*, *Biologische Physikochemie.* Potsdam, 1951.
*Osterhout, W. J. V.*, Permeability in Large Plant Cells and in Models. *Erg. Physiol.* **35** (1933), S. 697.
— The Kinetics of Penetration. V. *J. gen. Physiol.* **16** (1933), S. 529.
*Osterhout, W. J. V.*, und *Stanley, W. M.*, The Accumulation of Electrolytes. V. *J. gen. Physiol.* **15** (1932), S. 667.
*Perret, J.*, Biochemistry and Bacteria. *New Biology* **12** (1952), S. 68.
*Prigogine, I.*, und *Wiame, J.M.*, Biologie et thermodynamique des phénomènes irréversibles. *Experientia* **2** (1946), S. 450.
*Pütter, A.*, Studien zur Theorie der Reizvorgänge. I—VII. *Pflügers Arch.* **171**, **175**, **176**, **180** (1918—20).
*Rashevsky, N.*, *Mathematical Biophysics.* 2. Aufl., Chicago, 1948.
*Reaction Kinetics and Transfer Processes.* Chem. Engin. Progress Sympos. Ser. **48**, No. **4** (1952).
*Reiner, J. M.*, und *Spiegelman, S.*, The Energetics of Transient and Steady States, with Special Reference to Biological Systems. *J. Phys. Chem.* **49** (1945), S. 81.
*Rittenberg, D.*, The Application of Isotope Technique to Problems of Biology and Medicine. *J. Mt. Sinai Hosp.* **14** (1948), S. 891.
*Robinson, J. R.*, und *McCance, R. A.*, Water Metabolism. *Ann. Rev. Physiol.* **19** (1952), S. 115.
*Rysselberghe, P. van*, Towards a Biological Thermodynamics. *Scientia*, 42. Jahrg. (1948), S. 60.
*Salomon, A. K.*, The Kinetics of Biological Processes. Special Problems connected with the Use of Tracers. *Advances Biol. Med. Physics* **3** (1953), S. 65.
*Schoenheimer, R.*, *The Dynamic State of Body Constituents.* Cambridge Mass., 1949.
*Schrödinger, E.*, *What is Life?* New York, 1946.
*Schulz, G. V.*, Über den makromolekularen Stoffwechsel der Organismen. *Naturwiss.* **37** (1950), S. 196.
— Energetische und statistische Voraussetzungen für die Synthese der Makromoleküle im Organismus. *Zeitschr. Elektrochem. u. angew. phys. Chemie* **55** (1951), S. 569.

*Sheppard, C. W.*, und *Householder, A. S.*, The Mathematical Basis of the Interpretation of Tracer Experiments in Closed Steady-State Systems. *J. applied Physics* **22** (1951), S. 510.

*Skrabal, A.*, *Homogenkinetik.* Dresden und Leipzig, 1941.

— Das Reaktionsschema der Waldenschen Umkehrung. III. *Öst. Chemiker-Ztg.* **48** (1947), S. 158.

— Die Kettenreaktionen, anders gesehen. *Mh. Chemie* **80** (1949), S. 21.

— Das Prinzip der totalen Reversibilität und das Wegscheidersche Paradoxon. *Mh. Chemie* **81** (1950), S. 239.

— Zur Frage der Baurschen Kinetik. *Mh. Chemie* **82** (1951a), S. 107.

— Die Methodik der rechnerischen Behandlung von Simultanreaktionen. *Mh. Chemie* **82** (1951b), S. 210.

— Von den unabhängigen Reaktionen. *Mh. Chemie* **83** (1952), S. 530.

— Reaktionstheoretische Kuriosa. *Mh. Chemie* **83** (1952), S. 710.

*Sprinson, D. B.*, und *Rittenberg, D.*, The Rate of Utilization of Ammonia for Protein Synthesis. *J. Biol. Chem.* **180** (1949), S. 707.

*Sprinson, D. B.*, und *Rittenberg, D.*, The Rate of Interaction of the Amino Acids of the Diet with the Tissue Proteins. *J. Biol. Chem.* **180** (1949), S. 715.

*Stevens, C. E.*, und *Leblond, C. P.*, Renewal of the Mucous Cells in the Gastric Mucosa of the Rat. *Anat. Rec.* **115** (1953), S. 231.

*Stiehler, R. D.*, und *Flexner, L. B.*, A Mechanism of Secretion in the Chorioid Plexus. The Conversion of Oxidation-Reduction Energy into Work. *J. Biol. Chem.* **126** (1938), S. 603.

*Storey, W. F.*, und *Leblond, C. P.*, *Renewal Time of the Epidermis in the White Rat.* Thesis. McGill University, Montreal, 1949.

*Spiegelman, S.*, Physiological Competition as a Regulatory Mechanism in Morphogenesis. *Quart. Rev. Biol.* **20** (1945), S. 121.

*van der Werff, J. Th.*, *Biological Reactions caused by Electric Currents and by X-Rays.* New York, Amsterdam, 1948.

— Matter, Life and Radiation. *Acta Radiolog.* **35** (1951), S. 293.

*Volterra, V.*, *Leçons sur la théorie mathématique de la lutte pour la vie.* Paris, 1931.

— und *d'Ancona, U.*, *Les associations biologiques au point de vue mathématique.* Act. Sci. et Industr. **241** (1935).

*Weber, A. P.*, The Design of Commercial Continuous Reaction Systems. *Chem. Engin. Progress* **49** (1953), S. 26.

*Wenderoth, H.*, Hämosiderose und Hämochromatose. *Ärztl. Forsch.* **4**, I (1950), S. 549.

*Werner, G.*, Beitrag zur mathematischen Behandlung pharmakologischer Fragen. *Sitzber. Akad. Wiss. Wien, Math.-naturwiss. Kl., Abt. IIa*, **156** (1947), S. 457.

*Whittaker, R. H.*, A Consideration of Climax Theory: The Climax as a Population and Pattern. *Ecol. Monographs* **23** (1953), S. 41.

*Wiener, N.*, *Cybernetics.* New York, Paris, 1948.

*Wisdom, J. O.*, The Hypothesis of Cybernetics. *Brit. J. Philos. Sci.* **2** (1952).

*Woltereck, R.*, *Ontologie des Lebendigen.* Stuttgart, 1940.

Nach dem Abschluß des Manuskripts sind noch folgende einschlägige Arbeiten erschienen:

*Bonhoeffer, K. F.*, Modelle der Nervenerregung. *Naturwiss.* **40** (1935), S. 301.

*Netter, H.*, Zur Energetik der stationären chemischen Zustände in der Zelle. *Naturwiss.* **40** (1953), S. 260.

*Rummel, W.*, Energetik oder Organisation selektiver Permeation? *Naturwiss.* **40** (1953), S. 277.

*Stevens, C. E.*, *Daoust, R.*, und *Leblond, C. P.*, Rate of Synthesis of Desoxyribonucleic Acid and Mitotic Rate in Liver and Intestine. *J. Biol. Chem.* **202** (1953), S. 177.

*Information Theory in Biology.* Herausg. von *H. Quastler.* Urbana (Illinois), 1953.

## Sachverzeichnis

GPSR Compliance

*The European Union's (EU) General Product Safety Regulation (GPSR) is a set of rules that requires consumer products to be safe and our obligations to ensure this.*

*If you have any concerns about our products, you can contact us on ProductSafety@springernature.com*

In case Publisher is established outside the EU, the EU authorized representative is:

Springer Nature Customer Service Center GmbH
Europaplatz 3
69115 Heidelberg, Germany

**Batch number: 10577919**

Printed by Printforce, the Netherlands